決「勝」細節力

多做1%
為企業增加30%效益

游晉豪 Angus YU——著

CONTENTS

推薦序—陳孝昌 011
推薦序—陳淑敏 019
推薦序—鮑詩詞 023
自　序—人生不是靠運氣，而是靠那多做的1% 029

CHAPTER 1
經營個人品牌，最關鍵的1%是？

刻意用心—很多時候，你以為的自然都是刻意為之 037

你用什麼方式讓人留下印象？……044
創造記憶點
商機，常常都是聊出來的……052
人脈經營
人脈，不是每天到處狂撒名片跑出來的……061
人脈極大化
如何成為受歡迎的人？……069
掌握人際界線
一個影劇圈外人，
如何在兩個月內談成與日本最大電視公司合作？……076
把自己變成開放平台

CHAPTER 2

關於職場成功，最關鍵的1%是？

老二哲學不是低調就好，而是要學會捧老大 087
藏鋒

老闆的傻，大部分都不是真的 095
裝傻

聽出老闆的「潛台詞」 102
別做自目人

帶人，是一種細活 109
刻意培養人才

無論是自己或用人，都得選對賽道 116
將人放在對的位置

CHAPTER 3

關於產品行銷，最關鍵的1%是？

掌握與Z世代工作者的溝通關鍵——向下學習 …… 124
沒有十年計畫，只有一年好活——周全 …… 133
不想送死，先寫好劇本再上場！——先求勝，再求戰 …… 143
對手永遠是你最好的行銷夥伴——盯緊對手 …… 151

營造素人團體出線機會——放長線 159
如何在初入新市場爭取到日本第一的「集英社」？——慎選起點 166
很多時候，錢是賺在你看不見的地方——異業合作 174
怎樣讓生意越長越大？——層次拉高，格局放大 181
永遠比別人早一步做盡職調查——當你想要跨入陌生領域 189

CHAPTER 4

關於品牌經營，最關鍵的1%是？

非一線品牌如何出線？ 201
養粉思維
外國的月亮比較圓嗎？有時也可「挾洋自重」 208
建立品牌價值
品牌長如同掌管品牌的三軍統帥 215
管好陸海空三軍
從西方企業的造神現象看東方 224
打造品牌代言人
把競爭對手變為朋友 233
粉絲互換

CHAPTER 5

多1%細節，走跳日本更加如魚得水

良好的第一印象從遞名片開始……241
——重視社交禮儀及時程

掌握日本商業模式及職場文化，談生意有一套……250
——商場往來

掌握生活文化的內涵，更快融入日本社會……259
——認識日本民族性

想到日本創業前，請先閱讀本篇！……267
——日本創業六鑰

結語……278

附錄

我如何讓產品大賣……282
我如何讓一場國際展演爆場……284

推薦序

陳孝昌 博士
IBM 戰略解決方案事業部
前首席顧問

去年一個業界的好朋友打電話給我，表明他想介紹一位年輕人和我認識，當初知道的頭銜是熊本大規模半導體科技園區開發負責人。這個 title 是很令人迷惑的，因為我至少認識五個以上在熊本開發土地的人士，但以半導體科技園區為主軸的卻是唯一。身為經濟部的諮詢委員，負責境外關內的專案，對於園區的開發是特別靈敏和關切的。後來到他公司拜訪，才知他也是金鐘獎最佳綜藝節目「未來少女」的製作團隊。去年八月三十日新東向主辦「台日半導體論壇——九州經驗」，游晉豪也參加這個台日第一次的論壇，接連兩天的晚上都送我們夫妻回酒店，連我太太都對這個年輕人產生好奇，因為他在送我們返程的過程，充滿美好服務的熱誠。

在我從事顧問工作時，最常被企業問的一個問題是：「ＩＢＭ是怎麼培養人的？每個ＩＢＭ的員工，總是又專業，又值得信任。」我的回答是這些人是被挑出來的，不是被訓練出來的。當然我是言過其實，但要表達的主要訊息是，有些人可以把事情做得恰到好處，不油不膩，主要是天生的本領遠大於後天的訓練。

企業之所以成功，從來不只是因為產品、資金或行銷策略，而是因為在正確的時間點、有正確的人，在正確的位置上、用正確的節奏把事情推進。游晉豪，就是我觀察到那種「組織節奏裡的推進者」。這是天生的好手才有的特質，少過百分之一的人擁有的天賦。

後來相處越來越多，在幾次跨文化、跨產業交流的會議中，看他如何在非主導角色中，透過觀察與應對，把原本可能失焦的對話拉回軌道。他不是那種一進場就搶話語權的人，但你會發現，只要他在場，事情就比較容易推得動。直至今年，我就邀請他到新東向大聯盟來當理事，主要負責日本的對接。因為他講話做事，就是這麼的不多不少。這樣的特質，不是不能訓練，是太多綜合體的配合，它不是靠權威推動，也不是靠技巧操控，而是來自一種「系統理解力」與「節奏敏感度」的結合。這，也許正是《決勝細節力》這本書所要討論的核心。

大客戶銷售通常有這樣的本事，我也有，但他比我厲害的是，他在此書上描述的清楚。我曾聽過佛教的一位法師入滅的過程：當快要臨終之前，他把徒弟都召集在大佛堂，他坐在一椅子上，緩緩地告訴在堂的善知識。「我就要圓寂，五蘊，色受想行識，即將脫離本體，我想和大家說明它們是怎麼脫離的。

現在我的手指好像已經沒有感覺了，因為感覺不到冷熱；我的眼睛越來越模糊，聲音越來越小聲了；我的呼吸逐漸薄弱，……。」法師就這樣慢慢地描述，直到五蘊皆空，而在坐的善知識，也因此開的智慧，得到法門。

看著《決勝細節力》此書，我也驚訝思潮居然可以如此拆解，舉例來說，書中提到他如何針對不同文化語境的合作對象，不是直接溝通重點，而是先設計「讓對方有安全感的情境鋪陳」；又如他如何在資源還沒到位之前，先佈局信任基礎，讓對方未來更願意投資與承擔風險。這些策略，不是單靠談判技巧可以完成的，它來自於對人性與系統動能的長期觀察。

更難能可貴的是，他願意把這些經驗整理出來，寫成書，誠實地拆解「做事的方法」。他就像那位馬來西亞的法師，用自身的死亡過程，講了一個深刻、一輩子都忘不了的故事。

在顧問領域，我們最常講的是「可複製性」。一個案例再精彩，如果它無法提供方法論，那麼它對讀者的啟發價值是有限的。我曾經寫過一篇超過十萬字的文章，一進一出，真正讀懂對方的需求。文章說明如何累積三種能力：

一、讀懂對方需求的能力。

二、針對對方需求快速設計解決方案的能力。

三、快速學習或整合解決方案所需新知識或信息的能力。

最基本的，其中第一個可遷移能力就是「讀懂對方需求的能力」。今天再看到《決勝細節力》很明顯是從這個出發點開始架構的，有種他鄉遇故知般的親切。晉豪試圖把每一段經驗，拆成觀察、設計、實踐、信任的操作循環。這種寫法很適合亞洲社會裡普遍面對「不對等資源」、「角色模糊」、「潛規則多」的真實工作情境。

我也很欣賞他在書中不避談「等待」、「挫敗」與「不被理解」的階段，這些往往是職涯中最孤獨、最關鍵的時刻。市面上太多書鼓勵你「走出去」、「放大影響力」，但很少有人會告訴你：當還沒輪到你發光時，該怎麼練好內功、怎麼調整節奏、怎麼在細節上不斷建立自己的信用分數。我曾經出過一本《思維力──高效的系統思維》，也是在分享如何蹲馬步，練基本功。是非常厲害的一本工具書，曾被評為影響中國 TOP 50 書的第十一名，非常不好讀，但賣得非常好，但願此書也有如此奇效。

這本書的閱讀對象，並不限於某個產業。無論你是企業的專案管理者、新創公司創辦人、跨國業務負責人、非營利組織推動者，甚至是剛踏入職場的年輕工作者，都能從中找到適用於自己階段的行動準則。特別是對那些「不是資源最豐富、卻想做出影響」的實幹者來說，這本書會是一面安靜卻堅定的鏡子。

身為策略顧問，我始終相信：「會做事」比「會說話」重要；但能把做事的方法說清楚，則是更稀有的能力。晉豪做到了這件事。他讓我們看到一種新的實踐邏輯：不浮誇、不焦躁、不迎合，而是以節奏感與細節堆疊出真正屬於自己的位置。

這樣的做事風格，在當今這個資訊紛亂、表現焦慮的時代，彌足珍貴。

我誠摯推薦《決勝細節力》，給所有想在複雜世界中踏實走遠的人。李小龍說他不怕懂一萬招的對手，只怕會一招但練了一萬次的好手。游晉豪沒給你標準答案，但此書會讓你更清楚自己如何蹲馬步方能倒吃甘蔗，苦盡甘來。

推薦序

陳淑敏
美國那斯達克交易所
大中華區前副總監

在那斯達克的工作經驗中，我見過各種層級的創業家、企業領袖、產業推動者與政府官員。他們的故事與能力千差萬別，但有一個共通點始終讓我印象深刻——那些真正能長期建立信任、持續產生影響的人，往往都擁有極強的**節奏感與細節力**。

第一次遇見 Angus 游晉豪，就是我在亞洲市場裡見過少數具備這種特質的年輕創業家。我與他並非長期共事的關係，但過去幾年中，我從多個場合與業界對話中觀察到他的風格與能量。他並不以強勢進場，也不倚賴過往資本背景，而是以一種極其安靜、穩定而敏銳的節奏，推動他想推動的事，建立他想建立的連結。

這本《決勝細節力》不是一本「告訴你怎麼成功」的書，而是一位行者用親身實踐整理出來的**信任方法論**。它談的不是顯學，而是如何在資源還不對等、身份尚未被定義時，透過細節建立空間、透過節奏穩定對話，最終走向被看見、被需要的那一刻。

這種思維與行動方式，讓我聯想到亞洲社會裡典型的低調行者。他們不講「我能做什麼」，而是默默讓事情被做成；不急於曝光，而是選擇在適當的時間說適當的話，讓合作順利、讓信任生根。

Angus的價值，並不在於他解決了什麼巨大的難題，而是他在無聲處、在他人還未意識到的轉角處，總能提前預備好下一步。

這是他文字裡最打動我的地方——他從不說自己聰明，而是坦誠自己如何不斷練習、修正、等待與調整。他讓我們看到，在現代社會，真正的競爭力也許不是「先講出來」，而是「先看懂」；不是「搶出場」，而是「精準進場」。

Angus在書中也不斷提醒讀者，細節力不只是技術，而是一種人格狀態：你是否能在還沒人注意你的時候，依然把該做的事做好？你是否願意在還沒有人要求的時候，就把事情想得更周到？這些細節，才是構成你被信任的基礎。

作為一位長年在國際市場工作的人，我也深知這樣的力量有多難得。在跨文化的合作中，我們往往尋找的不是「說得最多的人」，而是「說得剛好的人」；不是「看起來最有自信的人」，而是「總是準備好的人」。

《決勝細節力》所呈現的，不只是一套行動邏輯，更是一種價值選擇。在這個講求速度與表現的時代，它提醒我們：有些影響力，是用靜默堆疊出來的；有些信任，是透過對節奏與細節的深刻理解，慢慢贏得的。

我推薦這本書給所有在轉折之中尋找自己節奏的人。它不會給你驚人的金句，也不保證立刻改變命運。但它會陪你思考：你要如何被信任？你要如何讓自己的節奏，成為別人安心的依靠？

這是一份誠摯、溫厚且實用的書寫。我相信你會從中感受到，不只是文字的力量，更是那股「安靜但堅定」、真正能走遠的影響力。**深切期盼，《決勝細節力》這本書能夠幫助到更多亞洲的創業家，也期許Angus can be the connection between Taiwan and Asia！**

推薦序

鮑詩詞
鴻海科技集團
前事業群資訊長

我在鴻海任職多年，從科技產業企業資訊管理跨入中小型不同產業領域的企業數位治理，見過也參與過企業策略規劃模型與推展轉型藍圖，其中有很多僅限是檯面上的文章，落地時才發現基礎功尚未俱足。游晉豪，是我認識其中罕見的一位年輕創業家，這麼年輕就能夠自我完善培養成功的基礎要素。

他不是典型意義上的「菁英型人才」——不是一路頂尖，也不是背景資源輾壓。但他自我創造的價值，恰恰來自在進入系統後，由邊緣實際的反覆操作、觀察、磨合調適的過程，使其能很快速地懂得如何透過微小的細節、節奏的拿捏，建立跨組織、跨產業，甚至跨權力邊界的信任。他不是靠權威推進，而是靠對現場的理解與對變數的提前佈局應對，讓別人自然信服。

我第一次與他深入合作，是在國際園區開發的階段。他的角色並非該集團內部，也不掌握決策主導權，卻能透過細緻的節奏控制——包含前期資料收斂、語境處理、會議順序設計，甚至是潛在衝突管理——讓整個跨國案子進展得異常流暢。這不是一個只靠「交情」或「熱情」就能完成的任務，這背後有一套極強的基本人格特質，以及觀察力與預判框架來建立人的信任感。

因此，當他說要寫一本書，主題叫做《決勝細節力》時，我並不意外。因為這五個字，幾乎就是他工作的標籤。不同於市面上常見的「說服術」、「談判學」、「效率學」，這本書回到最核心：當你沒有資源、沒有主導權時，還能不能創造影響？

晉豪的答案是：可以。而關鍵，就在於細節。

這本書值得肯定的地方有三個：第一，它是實戰出來的。你不會在裡面看到空泛的概念，而是大量具體場景與行動策略。例如他如何在與日方企業交涉中，利用沉默與停頓安排談判節奏；如何在資源尚未確定前，先設計出「讓對方安心」的前置框架；又或是在文化語境不同的環境裡，他如何降低誤解、創造信任感。

第二，它有節奏感。晉豪擅長設計，不是設計簡報，而是設計「人與人之間信任發生的節奏」。他知道，真正讓人願意合作的，不是你話多、資料多，而是你給的空間、你回應的準確、你行動的步調是否讓對方安心。這種節奏力，不是一般管理課能教的，而是實戰中經年累月打磨出來的直覺與方法。

第三，它沒有假裝你是贏家。市面上太多書在講「贏者法則」，但現實世界裡，大多數人其實都是從邊緣往中心靠攏的。《決勝細節力》寫的是這些人怎麼走出來的，怎麼在機會還沒來時先準備，怎麼在沒人看見時繼續優化。這份誠實，本身就是一種稀缺價值。

我一直認為，「做對事的人」是這個時代最重要的資產。但這種人往往沉默、不浮誇，也不一定擅長講自己努力的故事。最寶貴的是他能夠看懂細節並去做這些細節，也是利用他的韌性累積了「個人人文」、「商業策略」、「品牌經營」、「企業團隊」各領域上實戰的經驗。因此當一位真正做事的人，願意寫書分享他是怎麼做的，我相信這本書一定能對很多人產生真實的幫助。

不論你是企業中階主管、國際業務、跨文化溝通者，還是創業者、顧問或年輕工作者，《決勝細節力》都能提供你一種更穩定、更低調但更有效的做事方法。這不是一本喧嘩的書，而是一個你可以信任的人，安靜的把他真正走過的路交到你手上。

讀這本書，不會讓你一夜成名，但會讓你每一次出手都更有力量。這，就是細節力的真正價值。

自序

人生不是靠運氣，而是靠那多做的 1%

游晉豪

我一直相信，真正決定一個人命運的，不是一次登台、一次曝光、一次握手，而是他在沒有人看見的時候，有沒有多做那一%。

這本書，寫的是我自己。

不是寫一個成功者的高談闊論，而是寫一個常常跌倒卻選擇再站起來的人；不是教你如何贏在起跑點，而是告訴你：即便起跑晚了，也能靠一%的堅持、一%的細節，拉回整場人生的節奏。

我的職涯橫跨不同產業，也跨越文化邊

界。從台灣出發，到日本留學、就業，再到創業，接著走進台日合作、品牌顧問、國際媒合與文化內容開發等領域。我沒有一個明確的起點，也不是一路順風；反而是每一次轉彎、每一次不被期待的局面，讓我學會了如何觀察、等待、準備，再悄悄走到舞台上。

很多人問我：「你怎麼總是能打進一個你原本不屬於的圈子？」

我的答案一直都很簡單：我從來不搶風頭，我只是默默把該做的事，做得比別人多一點、深一點、準一點。

我不太擅長迎合場面上的熱鬧，也從不靠浮誇換得人脈。我寧可在午後茶會泡一壺茶，或在某個聚會彈一曲鋼琴，讓對話緩緩展開。我更相信，節奏感與細節的設計，遠比一張名片或一場敬酒更能讓人記得你。這樣的我，也許在傳統商場文化中顯得另類，但正因如此，我才能開創出屬於自己的做事方式：一種不靠喧嘩、不倚關係，卻能踏實前行的方法。

我寫這本書，不是為了回顧，而是為了分享。

分享我如何透過細節設計形象、建立信任；如何在社交中不倚重社交技巧，反而靠真誠與節奏創造深度連結。也分享我如何從一個文化圈外人，談成日本集英社全球展覽首站，以及台灣與日本最大公共媒體的合作案；又是如何在台灣推動文化內容輸出時，選擇以一個「平台型角色」協助更多人才被看見。

書裡的每一個章節，都是我過去十多年來的實戰紀錄。這些經驗有時來自職場中的權力現實，有時來自人際應對的磨合技巧，也有來自我在異國生活的文化直覺與觀察能力。我不敢說自己多厲害，但我知道，在這個資訊過剩的時代，會說話的人很多，能做事的人很少，而能做事又說得清楚的人，更稀少。

我不是天生擁有「贏家背景」的人。我的優勢，是每次看到自己還能再多做一點的地方，我就不偷懶；每次面對一個我還不熟悉的領域，我就主動去理解。別人看來，我好像做了很多事，但在我自己心裡，那只是「多做一%」的堆疊而已。

我始終相信，這個世界會為真正準備好的人，留一個位置。而你，是否願意在還沒被看見之前，先為自己多做那一%？

謝謝你願意打開這本書。

我希望它能陪你走過一段充滿不確定、也充滿可能性的旅程。

如果你在人生的某個轉彎處，也感覺迷惘、感覺還沒輪到你，請記得——

機會永遠都在，只是它總是悄悄地，先找那些準備好的人。

人生沒有打上蝴蝶結，但卻是上天送我們最好的禮物。

CHAPTER

1

經營個人品牌，最關鍵的1%是？

1

很多時候，你以為的自然都是刻意為之

刻意用心

在台灣人的商場上，每遇應酬飯局，為了迅速拉近彼此的距離，大家很喜歡邊喝酒、邊談事，覺得喝酒最容易迅速打開話匣子，「凡事都好談」。關於喝酒博感情、談生意這一點，對於客戶，我則抱持另一種想法：「沒有訂單，不會喝酒」。也就是，除非雙方的合作已經進入到簽約、慶祝的階段，我不會輕易與人喝酒。

有時仍免不了有飯局，例如我想帶朋友去參觀我投資的餐廳，或是請客酬謝對方時。不過，請對方飲宴是一回事，但是我自己通常不喝。

讓不喝酒成為個人的人設

是我不會喝酒嗎？不是的，我其實不太容易喝醉。然而，「不在應酬時與人喝酒」、「沒有訂單，不會喝酒」，對我來說，就是我在商場上刻意為自己設定的一種「姿態」；久而久之，它也變成我在業界的一種「人設」了。遇到這類場合時，知道我的原則的業界朋友們會自動幫我宣傳，因此也就幾乎不會有人再拉著我要喝酒了。

為什麼要這麼做呢？一方面，觸動這想法的靈感來自於我一位朋友的父親。這位長輩在獅子會等社團相當活躍，但他卻滴酒不沾，令我內心驚覺：「原來談生意是也是可以這樣的……。」

另一方面，或許也與我在日本讀書及工作，長期跟日本人打交道所受到的影響有關。日本人對於「人際界線」的觀點可能與台灣人不太一樣，對於初結識的朋友，他們認為沒有必要過度表現親密，保持一個適當的「人際距離」，而非「不熟裝熟」，反而比較自在和舒服。

當然，我認為這樣的「人設」，最好是初入業界就該事先想清楚的一件事，因為只要你一開始在人前是愛喝酒的，之後就很難再找任何理由不喝了。秉持這樣的原則，實際地運用於工作及商場，我發現真的頗為有效。對我個人來說，飯局中開喝雖然容易放鬆心情，但是真的很難專注談事情。

相反的，我常常都是與對方約在白天，例如約在下午喝茶。

我常做的一件事是，刻意在平日就採購一些比較別緻的茶具，然後一邊泡茶，一邊與人洽談事情。這樣讓我可以慢慢地沉澱思緒，靜下心來，也不會像喝酒那樣耗費過多的精力與時間。

透過泡茶的儀式感，營造會談氛圍

商場上，有很多事從外表看來是自然發生的，但事實上它是需要經過你「精心設計」的。怎麼說呢？選擇「泡茶」，當然並不是單純因為我喜歡泡茶，其實這樣的過程，也是經過我精心設計、刻意為之的。

試想像一下，在會談中，桌上擺出一套茶具，然後慢條斯理地開始泡起茶來，幾乎毫無意外的，訪客都會不自覺地問到：「這套茶具看起來好特別喔！你是在哪裡買的嗎？」、「這茶葉喝起來好清香，是什麼茶呢？」、「你平日喜歡泡茶嗎？」等等諸如此類的問題，接下來，我就有故事可以說囉！

透過泡茶的儀式設計，彼此之間的距離是否也在瞬間被拉近了？並且，接下來的話題也可以很自然而悠閒地展開？如此的關係開啟，對於個性比較內斂的我來說，是更加自然舒適的。

說起來，並不是我的泡茶技術多麼高明、或是茶具多麼珍稀昂貴，但是根據我自己一直以來的經驗，當你見面時不急於開口說話，而是有模有樣、優雅徐緩地進行著每一道泡茶的儀式，通常能帶給人比較沉穩的感覺，常也有人形容這樣「特別帥氣」，並且對此次會議留下深刻的印象。這，就是我想要達到的效果。

商場上，有很多事外表看起來是自然發生的，但事實上它是需要經過「精心設計」的，例如，與人會談時的氣氛營造及話題展開方式，是需要你事先思考的。我另外再舉一個例子，比如辦公空間的打造。

辦公空間就是一個展示場

辦公室是公司團隊每日工作的場域，這個空間，應該要滿足團隊成員的各項身心需求，以及提升團隊的工作效率；但是對於創業者或老闆來說，需要考慮的面向，不止於此。因為，辦公室也常有外人到訪或來洽談商務，這時，你想要在外人面前創造出什麼樣的企業形象？這當然需要「刻意」及早構思。打從接待櫃檯及大門的陳設，如何讓人一目瞭然我們集團的歷史、里程碑、全貌及各類經營項目？如何透過色彩學及室內設計，讓來客感受你的公司文化是活潑年輕、沉穩誠信，抑或高貴大氣？踏進辦公室，從各部門的空間分配、會議室空間、員工的年紀及互動模式等，也可以觀察到這家公司的工作氛圍及上下權力關係等面向。

如果是選擇在我的辦公室開會或面談，辦公室空間該如何擺設，牆壁上及展示櫃上該如何呈現，辦公桌上要放些什麼物件，才能達到我想要完成的商業目標？這一切都須經過周密的思慮。

說實在的，外人就是透過這一切的外在呈現，來觀察及認識「你」以及你的公司。因此，無論是你自己或你的公司，都要以一種「表演」的心態去展現，把它當作是一場「show」，精心設計，善加經營每一道細節。有時，你可能以為自己已經面面俱到了，結果訪客一踏進洗手間，可能卻在一個不經意處，洩露了你不想說出的「祕密」……。

德國有句俚語，「魔鬼藏在細節裡」，所有的小事，往往都是「最小的大事」；許多事，你只是比別人多做了一%，但結果往往大不相同。對每個人來說，所關注的細節或許不同，但是當你刻意地用心於細節，並著力經營，每一個小小用心處，必將在未來累積成重大的成果，我是這麼相信的。

2

你用什麼方式讓人留下印象？

創造記憶點

人生中有許多事是始料未及的，例如被父母逼著學習了一堆才藝，當時或許感覺辛苦不堪，但說不定哪一天，這件事卻成為人生追求成功的關鍵之一，讓你在人群中更容易被看見、被記住。

故事得從我的童年說起。從小，我就是那種現代人稱「學霸」的小孩，書讀得很好。當老師在班上問：「有沒有人願意出來當班長？」我是那種會主動舉手、毛遂自薦的人，總之是勇於嘗試，任何「職位」我都有興趣一試。

當時，爸媽讓我學習很多種才藝，我也在學校的各種才藝競賽中，例如珠算、心算、音樂等，屢獲佳績；但是其中對我影響最深的，就是學習音樂這件事。

我從四歲起就開始學習鋼琴，到國中一年級時，已經通過教師等級的檢定，也曾獲得「台北市最佳伴奏」獎項。高中時我擔任學校管樂團的社長兼指揮，主修長笛。

幼時，每個週末，父母還安排我去學陶藝、手拉坯。如今回想起來，叫我學陶藝，應該是希望藉此磨一磨我的耐性，畢竟反覆練習鋼琴，是一件相當需要耐力及毅力的事情，否則很容易半途而廢。

但事實上，讓我對學習鋼琴感覺樂此不疲的關鍵，其實是自從彈鋼琴獲得第一次的掌聲開始。還有什麼事，比「獲得他人掌聲」更能激勵我們前進呢？

當我從他人獲得的掌聲越來越多，我就越來越沉迷於練習鋼琴，並且練出成績；我更發現，對我來說，與其磨鍊再多持續不懈的耐性與毅力，其效果遠遠不及獲得掌聲與成就感。因為，只有掌聲才能驅動我自發的行動。

少年時期的我，有很長一段時間，以為自己將來長大應該要成為音樂家或指揮家，「那才是我的夢想啊！」不過，長輩完全不是這樣想的。在祖父輩從醫從政、父親從商的家族中長大，父母親很明確地告訴我：學音樂是用來怡情養性的，但是若未來想朝音樂界發展，不可能！

用一台鋼琴敲開大老闆們的心扉

即使我的人生當年沒有朝向音樂界發展，自小學習的鋼琴，卻一路陪伴我至今，甚至成為我在商場及創業路上的「最佳武器」。我因為彈鋼琴啟動了自信，直到今日，不論到了任何一個地方，只要看到鋼琴，我就會設法讓自己有機會接觸到鋼琴，並透過彈琴，慢慢地引導大家打開話題。

例如某一次，我參加一場經營者的聚會。現場有大約二十位日本上市櫃公司的老闆，大家齊聚一堂，在一間別墅內進行為期兩天一夜的交流活動。

活動之初，少不了一些硬梆梆的談話及議題探討，可以感受到現場的氣氛是正式而嚴肅的。一直到開始烤肉，終於比較活潑而熱絡，但是仍沒有達到那種「chill」（放鬆）的程度。我心想，這樣不行，我得想個法子來炒熱氣氛……。

突然，我看見前方有一台鋼琴。

我問了問嘉賓們：「這裡有一台鋼琴，有沒有人要現場彈一下，讓大家欣賞欣賞？」（小祕訣：此時，最好不要還沒問過別人就自動跳出來，只求個人表現太愛出風頭，在人群中通常不會有太好的印象）

等了一陣子，並沒有人站起來，這時我才從容自在的在鋼琴前面坐了下來，隨手彈起一般人可能都比較熟悉的樂曲。果然，彈了沒多久，還有人拿起鋼琴旁的吉他，合奏起來。大家沉醉於曼妙的音樂聲中，面部的表情顯得越來越輕鬆，心情似乎也越來越放鬆，逐漸可以敞開心扉說出心裡的話，進行更具深度的交流與對話。

從小，我就曉得音樂有著很大的感染力，但是在商場上，可以完全改變氣氛、加深彼此的信任度，這點，我倒真的是初次感受到音樂的奇幻魔力。

當然，在這種冠蓋雲集的場合，每位人物的來頭都很大，如果要讓人對我留下好印象，除了先請問過嘉賓外，第一個跳出來彈奏鋼琴的我，勢必要彈得有水準（當然，基本上我也是對自己的琴技頗有把握），自然是在現場贏得滿堂彩。

我猜，那天在現場的人，應該都不會忘記我。

想一想，我多做了些什麼呢？無非就是善用自己童年時精通的才藝，在適當的時機及場合，適度地展現出來，然後，我就比別人有機會被大家看到，脫穎而出。其實，可以讓你表現的機會一定都有，重點是，當時機來時你是否能把握住，並且預先做好準備。

想辦法把自己放到鎂光燈下

二〇一二年我進入台灣大學ＥＭＢＡ在職專班學分班就讀，在畢業典禮那一天，我也依靠自己的「音樂才藝」，成功展現了自我的「存在感」。

自小，我對自己有一個很重要的期待，就是「進台大」；可惜我念完高中之後，就迫不及待想去日本念大學，也順利於高中畢業後獲得全額獎學金，到日本留學。

當我返台工作後，我申請台灣大學ＥＭＢＡ在職專班學分班，一方面是為了工作上的自我提升，另一方面也是為了一圓自己的夢想。

記得在畢業典禮那一天，當日節目由畢業年級組成三十人的合唱團在現場表演，而那天爭取上台指揮者，就是我。活動後，台大刊登僅一篇的畢業生報導，而被選擇的報導對象就是我一人。為什麼呢？因為台大EMBA的學生各個在專業領域都很出色，誰都不輸給誰；但是在畢業典禮上表演、被聚焦站在鎂光燈下者，只有指揮一人啊！

那一天，我圓了自己的「指揮家」美夢。

其實，每個人都有自己與眾不同的才華或技能，除了音樂，有人的強項是運動、有人特別擅長製作簡報、有人精熟Excel、有人對美食品味佳，而也有人是很會喝酒應酬社交……。總之，不必小看自己的才能，只要能抓準時機適時表現，可能就能令你的主管、老闆、客戶或廠商對你刮目相看，從此留下深刻的印象，因而大大提升你在職場或商場「出線」的機會。

3

商機，常常都是聊出來的

人脈經營

我曾在某集團擔任「商務長」的職務，許多人以為商務長就是公司的業務頭頭，其實不盡然。商務長主要規劃集團短、中、長期商務發展方向，面對的對象是媒體及客戶，而首要的任務則是確認方向、拓展新的商機。

不過，商場上許多新的商機其實都是聊出來的。重點是，你要如何找到對的「聊天對象」，以及如何創造出理想的「聊天環境」，才能聊出無限商機。

聰明請客，掌控理想的人數與素質

二〇二四年七月，我投資的火鍋店「蛤?!」（Huh Pot）五週年活動，特別與大拙匠人聯名推出限量黃金鵝油麻辣鍋。大拙匠人是由知名藝人聶雲代言的地表最強鵝油乾拌麵品牌，市占率也名列前茅，因此雙方的合作，堪稱是強強聯手！而有這樣的合作契機，說來就是透過商會中的夥伴轉介，雙方聊天聊出來的。

不過，由於我不是那種每天活躍、奔走於各大社團與商會之間的人物，那種模式容易成為人們眼中的「花蝴蝶」、「牽猴仔」，那不是我經營人脈的方式。我通常都只參加一個商會，若要認識人，每一個商會我只要認識一個人就夠了。如此，我不需要終日花費許多時間精力於應酬社交，還能有效地達到人脈經營的目標。

以上，我是如何做到的呢？就是依靠「聰明的請客」。

我最常做的事，就是邀請十五位朋友到常去的招待所餐廳聚餐。在餐廳的最深處有一間可容納十五人的包廂，廚師是國宴等級的大廚，請客不會失禮。

有時，我會自己主揪，邀集十五位商界的朋友一起來用餐。如果是由我來主揪，通常是我想刻意地撮合或引介XXX與YYY，讓雙方有商業上的合作。當然，其他人也不會閒著，因為他們都來自不同的產業，彼此沒有競爭關係，或許可藉此認識交流訊息，聊出商機。

訂出十五人這個規格，當然不只是因為貴賓桌席位是十五位，而是依據我的經驗，初次結識，十二至十五人的聚會是最令人感覺舒適且有效益的。聚餐的人太多時，場面通常很混亂，且彼此難以深談；人數太少時，時間成本又花費太高，不合算。因此，十二至十五人最為理想，其中有人表現欲強、個性外向活躍，有人個性低調、只想先傾聽別人，大家各得其所。

當然，若是此聚之後還有更進一步的商務會談，可能就以四人上下為理想、有效率的會談人數。

自己主揪比較費神，要訂出十五人名單之前須思量再三：例如，誰跟誰的產業最有機會交流；誰與誰氣味比較相近，適合安排坐在一起等等。作為主要召集人，一定要善盡召集人職責，力求賓主盡歡。

善用朋友人脈，擴充自己的人脈

我也常常請朋友當主揪：「由我請客，你可以邀請十三位朋友一起來吃飯。」通常朋友們都很樂意，畢竟請客的是我，而面子、人情做給他。由朋友邀約就更加有趣了，如此可以一次認識十幾位來自不同領域的新朋友；而且為了自己的面子，朋友肯定也是再三過濾賓客的人品及素質，我就省得費心了。

至於這樣請客划不划算？我覺得實在是太划算了！平時一般的應酬飲宴，一個晚上的酒水餐費加起來可能遠超過十萬元，但談話溝通的品質未必達到如此。何況我是在自己投資的店裡請客，加上包廂設計在餐廳的最裡面，賓客在經過全店動線後進入包廂的同時，也看到我們店裡賓客滿座，這等於是為敝店做了最好的宣傳。想想，只要我們的菜色及服務品質夠好，有一位客人會後再次選擇來我們店裡請客訂席，不就值回票價了嗎？

為了達到最佳效果，我會講究餐宴的每個小細節，例如，如何讓大家展開自我介紹，如何以菜色及餐點的故事炒熱眾人的話題，設計菜單上沒有的「隱藏版菜色」，凸顯出「這是我獻給今日貴賓的特殊待遇」，還有記得在用餐前先拍大合照（背後有餐廳標誌），讓大家餐後就可以將照片帶回家，留下他們在這家餐廳用餐的美好回憶。

通常在邀約前，我會開ＬＩＮＥ的群組，以便於溝通時間地點；用完餐後，這個交流聯繫的群組理所當然的就一直維持下去了。

這樣的作法，我已進行了三年，大約每月召集一次，覺得效果相當好。不過，這一招經營人脈的方法，也不是我自創的。最初我發現台灣很多有歷史的商會，他們也多半以類似的方式聚會，出於對身邊友人的信任感，讓大家輪流召集飯局，如此可收彼此「人脈加乘」之效果。

用利他思維交朋友，友情更扎實

很多人都想在商場上交朋友、做生意，除了用對方法及工具之外，我覺得有一個相當重要的態度，就是「利他」的思維。

認識新朋友，不見得可以馬上談出大案子、賺大錢，也有可能是你們一直都沒有事業上的交集，直到某一天機緣來到……但機緣何時來到，無人知曉。通常在聚會中我不會拚命介紹自己的公司在做些什麼，也是屬於「低調」型；但是若聽到別人講的事我可以幫上忙的，我就會主動出聲：「這件事，我應該可以幫上忙！」這時，若是平時雙方已累積了情誼及信任度，對方必定優先找你。

在人際互動上，不必表現出過高的目的性，交情反而維持得久。此外，就是先「利他」，再「利己」。這或許是我從自身的家族教育以及日本的「商社文化」中學習到的，凡事先思考「怎樣讓對方不虧錢或賺到錢」，再回頭思考「那我們要如何賺到錢」。

舉例來說，前面提到我投資的火鍋店「蛤?!」與大拙匠人聯名推出限量黃金鵝油麻辣鍋這個案子。當初對方公司的本意是想開設實體店面，因此想藉助我的開店經驗……。但是，聊天中我發現不必貿然投資開店，何不將產品放進我們的店裡推出，先試試水溫？雙方聯名，對彼此的品牌宣傳或粉絲擴充都有好處，而大拙匠人也暫時不必承擔開店的風險，一舉數得。

說起來，誰不想要做生意賺錢呢？但是過度的短視近利或過河拆橋，小心長久以後商場上再無朋友。反之，就算你眼前還賺不到錢，有機會時多多去媒合別人，促成別人的合作，主動成為別人的「貴人」；或者是設身處地站在對方的立場，為對方多想一下。別人自然會把你放在心上，在你沒預期的時候，為你帶來意想不到的機會喔！因為，我生涯中的很多機會，實際上都是這樣來的。

4

人脈，
不是每天到處狂撒名片跑出來的

人脈極大化

在我談到許多商場上的業務往來時，讀者應該不難發現，許多機會都是來自於我的人脈。所以，我想再次談一下關於「人脈」這件事。

人脈，絕對是長時間累積下來的，但是當你剛開始與人接觸的時候，建議真的不要單純立基於商業的來往或利益的交換，而是抱持著長期交朋友的心態。這樣子結交的友誼比較扎實，也更為長久。

我從不主動遞名片

在商界的聯誼活動中，我幾乎很少主動遞送名片。

為什麼？這正是基於我對於人脈的態度。在與商界各行各業的朋友互動時，我總是很自然從容地交朋友；除非對方主動提到他正在做什麼事，我才會開始動起腦筋，思考這件事與我的事業有沒有連結的可能性，或者是我可能可以幫上什麼忙，這時我才會開始拋出手邊既有的資源，說不定雙方可以合作。

正因如此，基於雙方過往長久以來的情誼與信賴感建立，合作通常很容易成立。

台灣業界商會眾多，而日本則有許多「Under Forty」的飯局及聯誼，通常商業性質很低，而是讓各行各業的年輕人自由聯誼。在這類活動中，我們通常都是交流了很久，才會開始談到工作。我覺得這樣的互動很好，大家彼此之間沒有壓力。

我不是一個討厭社交的人，但是在我心目中，朋友、客戶、夥伴，對我來說，意義都不一樣；而我認為，在不同的關係中，「人際界線」也是不一樣的，我們要知所進退。有時，朋友可能在某段期間會變成你的夥伴或客戶，這時就該放下朋友的關係，以夥伴或客戶的分際去應對，會比較理想。

參加社團不必多，一個就足夠

另外，我真心不覺得我們需要參加很多社團，才能廣結人脈。

一九六七年，美國心理學家米爾格蘭（Stanley Milgram）在《今日心理學》雜誌上公布他的一項研究結果：世界上任何一個陌生人之間其實只隔了六個人。換言之，平均只要透過六個人，我們便可與世界上的任何一個人聯繫。這就是著名的人際「六度分隔理論」，這個名詞現在在英語世界中大行其道。

我自己的感受是，在我的人際網絡中，平均每六位朋友就會出現一位共同的朋友。所以，其實我自己並不需要去認識這麼多人，「重質不重量」，寧願把自己有限的時間及心思花費在少數朋友的身上。

所以，通常是當我與某人有了第一次有意義的交流之後，我才會繼續花費心力去互動，不必浪費太多時間。

許多人都在多個社團及商會擔任幹部，而我只挑選一個品質優異的社團去參加。維持一個體系就好，我只需要六分之一的人脈就足夠了。

台灣現在的社團生態已經相當不一樣了，過往例如三大社團——扶輪社、獅子會、青商會，社團間彼此壁壘分明；但是現在時代不同，社團之間會交流，社團成員也相互流動，不需要各大社團都參加，每天疲於奔命的四處參加應酬及趕攤，才能交到朋友。

重點是，要挑選有品質的社團參與，挑選彼此之間志同道合的朋友深入結交。當你平時在這些優質朋友圈維持良好的個人品牌形象及信任度，你的優質朋友自然會幫你引介更多更多的好朋友，以及潛在的好客戶。

這就是我的「人脈極大化」理論。我相信，當你的優質朋友圈中的每個人都擁有同樣的共識，每個人都能很輕鬆的將自己既有的人脈極大化。

企業經營人脈，策略相同

這樣的「人脈極大化」策略，不僅使用於我自己的人脈經營上，其實，我在企業也是用這樣的方式在擴充人脈、開發客戶。

集團的員工逾百人，鎖定了四位願意經營人脈的夥伴，針對四大重點社團——扶輪社、獅子會、青商會、海外台商會，每人專攻一個社團，認真投入，再將有用的資訊及資源帶回公司。事先分工好，大家就不必一直做重複的事，浪費力氣。

當然，這樣的主力夥伴是需要經過思考及挑選的，因為他們對外就代表了集團，所以除了在工作上表現優秀之外，必須清楚的讓他們了解，他們對外扮演的角色以及任務，再譬如「喝了酒就忘記自己是誰」的人，就完全不適合。

在近藤麻理惠（Marie Kondo）與史考特・索南辛（Scott Sonenshein）合著的《怦然心動的工作整理魔法》（*Joy at Work*）一書中曾經提到，無論面對面或在網路上，我們都很容易以為認識越多人就是人脈越廣，例如電話上的聯絡人、臉書上的朋友、IG追蹤者、領英（LinkedIn）上的人脈，或是X上的跟隨者。可輕易追蹤的計量法，讓我們看著數字上升就心情變好。我們把自己的數字跟同事和朋友的數字相比較，誤以為建立的連結更多，我們就更重要，或是更受歡迎、更成功。殊不知擁有廣大的人脈只代表一件事：你累積了廣大的人脈！

我覺得，這段話非常清楚地表達了現代人對於「人脈」的迷思，其結果是，朋友越多，反而越加迷惘。

然而，如果能讓你的人脈成為心動的來源，是你樂於相處並幫助的人，他們在乎你的發展和成功，而向他們坦承挫折和尋求建議也很自在。

這樣的觀點，與我的想法不謀而合。人脈重質不重量，在一個團體中，尋覓到與自己真正志同道合的人，只要這少數朋友足夠優秀，並且每個人心目中都懷抱著「人脈極大化」的意識，就可以花較少的時間及力氣，經營出更具意義的人脈。

5

如何成為受歡迎的人？

掌握人際界線

職場中的人際關係，一不小心就讓人傷透腦筋。我認為所謂的職場或商場互動，不一定要依賴高超的社交手腕，或者阿諛奉承，更多時候許多成功人士的人際關係，是建立在雙方的共同利益之上，以及掌握良好的人際界線。前者意指，你對於別人來說是真正有用、有價值的；後者則是指，跟你相處起來感覺如沐春風，沒有壓力，自然人人樂意靠近。

沒必要的風頭別亂搶

前面曾經說過，我平日不會刻意參加很

多社團或商會去經營人脈，而是只經營一個優質系統就足夠。

在社團中，我也不會主動請纓去承擔會長或祕書長之類的職務，因為個人風格偏向比較低調，除非是輪到我、非做不可。此外，在一個團體中，最具影響力的人不一定是那位名義上的領導者，畢竟會長或祕書長這些也都是有一定任期的。我認為與其爭那個「名」，不如在人群中建立實質的影響力。因此重要的是，我們要在團體中讓自己成為具價值、有影響力的人，做事沉穩誠信，談吐說話言之有物，其他人自然而然會圍繞著你轉。

既然不是團體中名義上的「老大」，就要懂得做人及知所進退，適度表達自己的意見沒問題，但也要尊重老大的發言，尤其在重要時刻不要強出頭，不要去掩蓋別人的風采。對很多社團來說，可能擔任會長僅一年的光景，對方一定是想要在這一年中盡情揮灑、發光發熱；你既然不在其位，要懂得把「鎂光燈」留給別人，這樣才不會處處惹人嫌惡。

適時把鎂光燈留給別人，是做人、做事很重要的原則，這點還可以衍生出一套與重要人物合照時的「拍照哲學」。

在商場及政界，我們會把握機會與某些「大人物」一起拍合照，事後分享在社群媒體上，展現一下自己的人脈及關係，這無可厚非。如果只有你跟對方合照，怎麼拍都沒問題；但如果是在許多人一起、大家拍大合照的場合，以我自己來說，我一定是盡量靠邊站，或是站在最後一排。

每逢這一類場合，不難看見有人總是永遠搶著站在大人物的身旁，但我覺得這樣做並不明智。須知道，在一個重大場合或活動中拍照站在第一排，事後所有的媒體報導結果就是你站在第一排，「站在第一排」，意味著你為這項活動「背書」、或是你很「挺」身邊這位大人物……。

大家也明白，這個時代爆料文化盛行，任何活動或人物都隨時接受公眾的檢視，也很可能哪一天「出包」，瞬時人設崩壞，成為街頭人人喊打的落水狗。因此，我個人是採取比較「明哲保身」的態度，不要讓自己淪為可能事後讓媒體藉此大做文章的素材，或是無端受到醜聞波及。去搶這種風頭，風險實在太高了。

在早已成為活動「例行公事」的團體大合照場合，我覺得能為自己加分的價值不高，真的不必去在意自己站在哪個位置，搶來擠去，只是引人側目，讓人討厭。

讓自己成為有實質價值的人

據我觀察，許多人對於「人脈」確實懷抱迷思。

其實，手裡握了一把名片，那不叫人脈；認識了一票人，那不叫人脈；跟一堆大人物拍了一堆大合照，那也不叫人脈。

在商場上，所謂的「人脈」，是當你需要幫忙時，對方有能力、並且也樂意幫你，那才稱得上是有價值的人脈。

其實在政界及商界的重要場合，真是觀察人品的好時刻。你可以看到，有的人就是凡重要場合必參與，像花蝴蝶一般四處穿梭、交際，但是對事毫無觀點。我則是選擇在應酬場合保持低調被動，然而，一旦有重要的談話或上台發表意見的時機，我會把握機會，盡可能向外展現我的實力及內涵，讓對方看見。

舉例來說，我曾參加一場由台日共同主辦的閉門會議。這個會議台灣同行者約有三十人，我這一路可沒閒著，忙著提出許多建言。並且在參加活動前，我已認真針對所有團員都做了功課，每個人的身分及背景都事先了解掌握。

讓自己成為有思想、有內涵、對別人有貢獻的人，言之有物，受人信賴，你才可能真正地擁有「人脈」。

掌握人際界線，謹慎駛得萬年船

在職場及商場上，我覺得掌握人際界線極度重要，那樣可以避免許許多多的問題。

好兄弟就是好兄弟，工作夥伴就是工作夥伴，如果不能刻意區分清楚，常常將兩者混為一談，最後可能什麼關係都無法建立，搞得大家不愉快。這個道理，也是當年我在日本跟上市公司社長合夥開公司時，他提醒我的，因為他自己就有過很不開心的經驗，因此當我們最初開始合作時，他開宗明義就曾提醒我雙方角色的轉換，以及新關係的建立。

面對工作上的供應商、下游廠商，沒事不要參與私下的聚會，適度避嫌。有朋友約你談事情，事先問清楚他的主要目的及洽談事項，大家才不會見了面閒扯淡、浪費寶貴的時間；拜訪別人前，也是一樣要確立目標，並做好準備。無論之前是否有私交，不要跟你的主管或老闆公開攀關係、裝熟，輕易挑戰上下關係。

當然，以上所提到的，都是指公領域的人際互動。時時掌握人際界線及尺度，可以讓你的職涯或事業一路走得更加平安順暢。

6

一個影劇圈外人，如何在兩個月內談成與日本最大電視公司合作？

把自己變成開放平台

我生涯中大部分的新機會，剛開始都不是出自於刻意的商機開發，反而是很開放的與各領域的人物保持接觸、虛心學習，並且樂於優先把自己手邊的資源開放出來，讓別人利用。這麼做，讓我常在無意間不但促成了別人的好事發生，也同時為自己帶來了新的商機與可能性，甚至跨入全新、未曾涉足過的領域。

台日之間的交流一向很多，從幾年前COVID-19肆虐時我們捐贈防疫口罩、日本發生震災時台灣人總是慷慨捐款，到近期半導體產業台積電進駐日本熊本縣等等，多數日本人對於台灣人的熱情交流，應該是抱持蠻正面肯定的態度；但是，難免也有少數日本人可能視這些幫助為一種隱性的經濟侵略。有些許的日本人認為，這是台灣人刻意將它的影響力擴張到日本。

當民間開始出現這類負面聲浪，這並非日本政府所樂見的。於是熊本縣高層透過民間友人來傳達這樣的訊息給我，他希望有一些更軟性文化的東西在日本。畢竟日本的年輕世代對於日本在台灣的歷史是全然不知的，所以年輕人完全無法理解台日之間曾經發生過的某種特殊的歷史連結。因此，他們希望透過一些文化交流，讓日本人了解過去那一段歷史，進而理解這一段台日淵源。

所謂的過去這一段歷史，主要便以一九三〇年代前後最具代表性了。因為一九三〇年代恰好是日本邁向現代化的開端，當然當時的台灣也隨之一起開啟了現代化的腳步。這一段歷史，值得讓台日的年輕人重新認識。。

所以我們就開始想，如何讓日本人跟台灣人都可以共同地了解這一段歷史？至少讓現代的年輕人有共同的回憶之後，雙方的情誼才可以繼續再往下走、越來越好？這是日本方面的想法，而台灣的文化部近年也在推動「黑潮計畫」，希望將台灣的文化帶出海外，讓電視劇能在海外播出，因此，可以說對這項台日合作也是樂觀其成。

與日本最大電視製作公司簽訂合作開發ＭＯＵ，促進台日文化交流

日本最大電視製作公司極少跟海外公司簽署共同開發的ＭＯＵ（合作備忘錄）；直到我去拜訪了他們，傳達台日文化交流的重要性，我們就順利簽訂了ＭＯＵ，加上台灣的製作公司「世界柔軟」，大家共同開發兩案。

《櫻花燦爛》是我們合作的第一部戲。當年日本人來到台灣，最先看到的是阿里山的木頭深具經濟價值；這部戲專門在講一九三〇年代日本商會跟台灣商會在阿里山爭奪木頭開發權的故事，當然少不得也要穿插一點浪漫的愛情故事。

第二部戲，則是二〇二四年甫榮獲美國國家圖書獎，以及第十屆日本翻譯大賞的台灣作家楊双子的得獎作品《臺灣漫遊錄》。

《臺灣漫遊錄》是楊双子二〇二〇年的作品，故事虛構昭和十三年（西元一九三八年）青山千鶴子半自傳小說「青春記」。故事中的青山千鶴子出身富紳家族，因母親早逝送往長崎分家養育，旅居台中時，日新會推薦台灣大家族庶出的女子王千鶴擔任翻譯。在全然不同文化教養下長大的兩人，因而有機會一起遊歷縱貫鐵道沿線城市，展開豐富的台灣鐵道旅行。這部小說深受日本人喜愛，已賣出美、日、韓、捷克等多國版權，馳名國際。

當初我們得知獲獎的消息之後，馬上就與作者簽下拍攝戲劇的ＩＰ（Intellectual Property，智慧財產權）。我們當初很早就嗅到商機，且動作快狠準，因此得以在第一時間拿到這個機會。此外本劇也已談定在全球最大的播放平台播放，萬事俱備。

把自己當作媒合平台，然後好事就會發生

為什麼像我這樣的影劇圈外人，可以與日本最具份量的媒體搭上合作的橋梁？

最初，我是在國發基金的餐會上認識了台灣製作公司「世界柔軟數位影像

文化」的製作人張辰漁。剛開始，因為他們公司都是在拍戲，而我們公司就是在做活動，彼此的公司看起來實在沒有什麼太大的交集；後來我靈機一動，對他說：「如果你想要在日本做什麼事，你可以跟我說，我看看能不能幫上忙。你隨便想……。」

然後，辰漁就跟我說：「我現在有一個案子，想要拍一九三〇年代的戲劇，但是當然，我不知道有沒有機會在日本播出。」

就從那一個問題開始，我就想到了我跟日本的關係。辰漁聽了很開心，希望我協助全力促成。到了日本開會時，一位日本製作人來跟我見面。當我講述完這個屬於嘉義一九三〇年代現代化的故事之後，這位日本製作人顯得頗有興趣，並且告訴我說，她的父親當年也是「灣生」日本人，對台灣有著特殊的情感，所以願意自請負責推進合作案！

結束了《櫻花燦爛》這個話題後，我們開始閒聊。她很喜歡台灣，因為她的爸爸跟阿公都曾在這裡生活過，還說她剛剛經過書局時買了一本書非常好看，寫台灣的飲食寫得相當精彩；她提到說的那本小說，就是《臺灣漫遊錄》。

會談結束之後不久，他又發訊給我，果然合作有一就有二，他建議，「不如找你的台灣團隊合作，我們把這部小說也同時翻拍成劇吧！」

總之，這整件事情的推進其實來自許多巧合，不能說是我刻意設計的。只能說，我們對很多事要保持開放的態度，認識新朋友時，不需要急於從對方身上找到商機，而是先抱持一個助人的心態。好比講到「日本」這個關鍵字時，我就比較容易在其中找到自己的著力點。

在商場中要認識人，一點也不難，我們可以透過各種餐會認識各行各業的菁英。但是如同本篇的例子，我與辰漁在整個談話過程中，並非對對方刻意有所求，所以我們兩個在合作的過程中都保持對等；雙方互相沒有要利用對方的意圖，反而讓這件事情順利發展至此。

那麼日方又為何要買單一個完全圈外人的提案呢？我認為，第一關鍵因素是，所有的東西包括拍攝團隊、演員及劇本等等，我們都準備好了，日本人喜歡看見準備充分完整的提案。

第二點，他們看我的背景，也知道我不是業界的人，我不是圖利，而單純是為了促進台日交流而來。對於日方來說，他們本來就不以營利為主，所以這樣的出發點容易打動他們。日方跟我是對等地進行談判，而我們只花兩個月就談成此案，應該是跌破了很多人的眼鏡！

CHAPTER

2

關於職場成功，最關鍵的1%是？

1

老二哲學不是低調就好，而是要學會捧老大

藏鋒

談到職場成功之道，許多人會提到所謂的「老二哲學」，鼓勵大家不要只想著當老大，不妨學著當老二。尤其在職場中，心機隨處可見，比起宮廷劇，勾心鬥角的程度不遑多讓，因此那些退而求其次，不強出頭、只當老二的人，反而最懂得生存之道，通常存活得更久、更安全。簡單來說，「老二哲學」就是勸人在職場上要保持低調，有時要隱藏自己的鋒芒，避免強出頭……。

但我覺得一般人談的「老二哲學」流於膚淺及表面，它的精髓絕不僅止於「保持低調」，更在於要學會「捧出老大」。在我的

職涯中，便曾經出現過極佳的範例。

我曾進入一家日商擔任業務主任，曾經成功將最新奈米銀材料導入台灣上市公司大廠，開發出世界第一片「曲面觸控面板」。我在這家公司前後待了五年，直到被挖角才離開。

你可以想像一下，當外商公司進駐一個國家，一定會面臨文化適應的衝擊。簡言之，每個地區有它獨特的文化背景及社經環境，身為駐外的總經理，如果只是一味將總公司的政策原封不動地套用於分公司，可能處處窒礙難行。因此，如何妥善地解決日本總公司與台灣分公司的「文化衝突」，同時「安撫」好日本總公司的「大老闆」（即社長），絕對是各國分公司總經理們的首要任務。

記得那時，這家日商在中國、泰國、印尼、越南等國都設有分公司，但是只有台灣分公司的總經理最能獲得總公司社長的賞識；也就是說，這位總經理的「向上管理」做得最好，最能夠掌握他應該留意的「眉角」，跟大老闆相處如魚得水。

請永遠記得誰是 Boss

這位總經理是怎麼做到的？以我的側面觀察，一方面這位總經理曾經在日本留學，日後才回來台灣工作，不同於其他國家的總經理，只是在自己國家學習日語，因此他對於日本職場文化的了解，可能比較深刻；另一方面、也是更重要的一點，我發現他非常清楚誰才是真正的「老大」，而且永遠記得把一切功勞及面子歸於「老大」，難怪他特別得人疼愛了……。

這時我不得不特別叨念一下台灣的上班族，很多上班族在有老闆的飯局或會議中，聽老闆一句：「大家不必客氣，不必當我是老闆……。」竟然就當真了，然後開始沒大沒小地開起主管的玩笑，或是評論起來，真是令人看了忍不住替他捏把冷汗……。

不要鬧了啦！在職場，請永遠要記得誰是「老大」，老大可以沒有架子，跟你稱兄道弟，但是你絕對不可以沒有為人部屬的樣子。就像那位日本的社長，可能為人和氣、沒有什麼架子，但如果他來到台灣，台灣這位總經理一定會透過各種儀式，積極營造對方的權威感及地位。老大自己是不方便自稱「老大」的，聰明的老二要學會幫忙塑造老大的「親民形象」，同時不能搶過對方的光芒，這樣才能算得上是稱職的「老二」。

當然，這一招我也學到了。以往在公司，同仁大部分都稱我們總經理一聲：「X桑」，但是我進入公司之初，就喚他一聲「老闆」（最初是還不知怎麼叫，因此叫「老闆」感覺最安全）；聽我左一聲老闆、右一聲老闆叫久了，大家也就開始跟著我叫老闆了。

直到我離職前夕，總經理才跟我提到此事，大意是說，他很稱許我當初這麼做，改變了同仁們工作的氛圍。因為當部屬嘴上叫你一聲「老闆」時，其實不自覺的內心就會比較尊重對方，不至於踰越分際；他們不但會避免過度輕浮隨便的動作，應對說話或承接工作時也會比較認真嚴謹以待，不敢混水摸魚。員工這樣的態度轉變，我猜想，對於個性溫文和善的他來說，在人員管理上感覺輕鬆不少。

其實，這原則不僅適用於比較重視職場倫理的日商公司，我覺得喜歡被叫「老闆」是人性，尤其是在人前。

以我自己為例，我們是新創公司，有的夥伴是昔日的同學及玩伴，所以員工不太習慣叫「老闆」，好像也是很自然的；然而即便如此，譬如當我的辦公室有外來訪客時，如果員工不敲門就直接闖進來，然後劈頭就開始報告事情，坦白說，外人看來也會覺得有點奇怪，而且我心裡也會稍有不舒服，感覺沒有被尊重。

即使是不講求階級尊卑的美商公司好了，如果一位業務人員在外面跑業務時，動不動就說：「我們家David（總經理）如何如何……。」雖然這樣聽起來他跟總經理「特別麻吉」，但不知道若總經理輾轉聽到了，是何感受？

站在Boss的角度思考，聽懂潛台詞

這樣的習慣一直維持著，即使我離開前東家，進入新公司，發現同事們還

是沒有人叫董事長一聲「老闆」，但我仍然秉持自己的原則，叫「老闆」就對了。

不僅要謹記誰是真正的「Boss」，剛才我說過，聰明的部屬，一定要記得把一切功勞及光榮歸於老大，或你的主管。懂得謙虛不居功，有時反而升遷得更快速。

舉我自己的例子來說，我進入新公司後，在日本榮獲僑委會頒發的「海外台商精品獎」，最令人津津樂道的是，它成功地攻進日本市場。

但是，到了頒獎典禮上，我一定記得請主管或老闆上台去領獎。不必糾結，這就是「必須」，因為沒有主管或高層的支持、指導或授權，你就沒有機會得到這樣的成績。

請記得，有媒體來邀訪時，一定要先推薦你的老闆接受採訪；有特殊重要的露臉場合，記得務必推舉你的老闆上台。如果你的老闆說：「我個人喜歡低調。」千萬不要相信，因為他背後的「潛台詞」可能是：「我不好意思自己上台，但是如果你拱我上去，那就ＯＫ……。」

因為，真正想低調的人，就連「我喜歡低調」這種話都不會說出口。任何事，如果你回歸人性，並且從老闆的角度換位思考，你就能理解老闆真正的心意，而不至於再解讀錯誤了。

也不要想著：「凸顯我自己的成績有什麼不對？追求好的表現，不就是為了升遷？」在老闆眼皮底下凸顯自己是對的，但是在人前、尤其是榮耀時刻，你最該扮演的角色，就是烘托你的老闆，用自己的高度「墊出」老闆的高度。如此，有一天當你的老闆繼續往上晉升，你或許也就隨之向上升遷，甚至扶搖直上了。

2

老闆的傻，大部分都不是真的

裝傻

人在職場中，千萬不要以為很多事老闆看不見，其實有時候只是他比你更加精明，因此內心的盤算並沒讓你看見。而當你為人主管或成為老闆之後，更要懂得適時裝傻，給予部屬學習、容錯的機會，你的員工及部屬才有自己成長、領悟的空間。

當初在日商工作到第三年時，我就進入台灣大學EMBA在職專班學分班就讀。我的同學之一，就是健康器材公司的主管。

某日這位同學問我，有沒有認識可以外派到日本的業務人才，可以引薦，因為他們公司一直缺人。當我針對他的需求再進一步深挖下去，我發現他們公司的目標，其實是想進軍日本市場。「你們要找的其實是日本市場的經營者，而不只是業務人員吧！」我認為，因為找不到理想的經營者人選，退而求其次找業務過去，其結果就是過去五年來陸續陣亡了十三位業務。因為，這策略基本上就是有問題的……。

但如果公司要找的是進軍日本的經營者，我就想毛遂自薦了，「可否介紹我跟董事長聊一聊？」雖然當年的我三十歲未滿，但我思考，這家公司在台灣已有二十多年歷史，扎根平穩；而我此行只是在日本扮演開疆拓土的角色，讓它在日本由零至一先建立基礎，其他後續可以交手給總經理，慢慢經營起來。因此，當我與公司董事長洽談時，也要求要出資擔任股東，表達我對未來在日本開設新公司全身心投入的決心。

你以為是老闆昏昧？其實是你自己天真

妙的是，當我進入健康器材公司時，心想自己應該很快就會被派駐日本成立新公司，要參與投資的資金我也準備好了，一切蓄勢待發……但，日子一天一天過去，董事長卻對此事絕口不提。

不但如此，董事長反而派我去參加公司在泰國的商展，「你去看一看，幫忙顧一下！」此後，除了每個月去日本出差拜訪客戶，平均每隔一個月，他就派我去其他國家出差，包括越南、泰國、杜拜、俄羅斯等等。

奇怪了，公司明明已有派駐東南亞、韓國、歐洲與美洲的業務人員，董事長為什麼還是要一直派我過去？除了日文以外，我的英文也沒有多好，對當地的熟悉度更不如那些駐在當地的業務……。

這樣的日子，我經歷了大約一年半到兩年的時間，等於把公司在全球各區的市場都走訪了一遍。此時，我大致已掌握公司在各國的市場布局及發展概況，也才逐漸領悟到董事長原本的用意，這就是我到日本之前必須經歷的前期功課。

一位帶領公司多年、如今已接近八十歲的老闆，其實能瞞過他眼睛的事情不多，大部分的時候只是他刻意「裝傻」，想看看你會怎麼處理事情而已。這是我進入職場後才學會的事。

你有沒有「讓子彈飛」的本事？

一次帶領十個團隊的我，也曾實踐「適時裝傻」的領導哲學。有些時候，你就是必須「讓子彈飛一會兒」，但這也得要你沉得住氣、耐得住性子。而且，身為領導者，在授權讓部屬「大展身手」之前，就得在心裡計算好可能的「風險成本」，確認在企業或個人承擔得起成本的狀況下，並且預先設好「停損點」，超過這個點就必須收手，免得真的「中彈身亡」。

舉個集團下餐飲業的例子。一般有上軌道的餐飲業，在服務方面都有一套屬於自己的SOP。不過，高層有頒布SOP是一回事，到了第一線的執行者面前，能否時時刻刻謹記照著SOP走，又是另外一回事了。畢竟在服務業的現場，各種狀況層出不窮，現場服務人員有時免不了會「便宜行事」，而犧牲了服務的品質。

就拿上菜時換大小盤這個動作來說好了，一般在訓練有素的餐廳吃喜宴，一開始先上三盤大餐，過了大概十分鐘，服務生會來幫你換成小盤子；他放完小盤整理好，把那個小盤放在最外圈，然後繼續上下一道菜。但是，有人就是不會照著標準流程來。

我也觀察到我們家的員工，跟客人說：「我幫你上一下菜喔！」明明SOP是應該先在飯桌上移出一個空位，再把新菜放上去，但有人就不是呀，一盤菜從廚房裡端出來之後，就直接在桌上喬位置，移來移去……。

遇到這種狀況時，如果你立刻當場跳出來糾正員工，他可能當場就修正給你看，但是之後在你沒看到的時候，繼續做他的……；又或者向你狡辯：「其實我平常都是照標準做的，剛才是因為這個、那個原因，所以我才XXOO……。」總之就是陽奉陰違，或者不是心甘情願地改變。

歸結原因，從員工的角度來思考，有時是因為其實他並不真切了解這些SOP背後的用意，因此當他執行的時候，也只是應付上司的要求。為了避免這種狀況，我明白當場糾正有它的侷限性，還不如忍住一時，甚至假裝沒看見；但是，我會找機會帶公司夥伴們去外面頗有水準的餐廳用餐，讓他們實際去觀摩體驗別人的服務方式。略有慧根者，自然就能體會個中差異，了解服務的節奏及細節掌握，將會如何深刻影響客人的消費體驗。

還有一種狀況，是員工認為老闆只重視業績，「反正我們把業績做好，服務品質只是說說而已，應該不重要吧！」但是對我來說，事情不是這樣的，那我要如何讓公司員工具體了解這一點呢？就是將他們的獎金跟客人的評價綁在一起呀。

總之，聰明的領導者，知道何時要睜隻眼、閉隻眼，同時在背後掌控全局。不必終日管東管西，緊盯員工，而是將精力用於隱而未見的制度設計上，才能更容易達到團隊目標。

3

聽出老闆的「潛台詞」

別做白目人

談到職場溝通，蠻重要的一個層面，就是聽懂老闆說的話，並且聽出老闆話語後面的「潛台詞」——那些他沒有直白說出口的話。但是，要如何做到這一點呢？有時就是要嘗試「站在老闆的角度思考事情」。多做這一%，有時結果真的相差很大喔！

前幾天，我就聽到一個活生生的案例。一位餐廳的創辦人，在巡店時，發現先前提到的關於換餐具的想法，並未被執行。創辦人不太高興地詢問店中的同仁：「我先前不是說過這些餐具都要換掉嗎？怎麼都沒有換？」

店裡的同仁回他：「您當時是說：『這些餐具看起來是不是應該要換了？』『當然如果你們覺得不必換，那麼你們決定就好！』後來我們考慮過因為這個、那個原因，所以後來還是決定不換了……。」兩週過去了，餐具紋風不動。

這位餐廳老闆聽完店內同仁的回覆後暴怒，覺得這些員工把老闆的話當屁；而在一旁的我認為，這就是店內同事「誤讀」了老闆的意思，以至於犯了太「白目」的錯誤。

老闆常常話中有話，請勿直接接球

當老闆已經明確提出更換餐具的意見了，雖然他又說出：「如果你們覺得不必換，那麼你們決定就好！」或是「如果你們覺得沒必要，那就再看看」這類的話，請千萬不要誤解了他的意思。他這麼說，只是希望自己在語氣上不要顯得那麼強制獨裁，但是，「我覺得有必要更換餐具」這一句，才是他的潛台詞及真實的心意。

面對這種常常不把話說白的主管，你絕對不能把它當作「直球」傻傻接過來，而是得學會讀懂他心裡真正的潛台詞。譬如在老闆、部屬意見僵持不下後，老闆說：「好吧，這件事你自己看著辦吧！」這句話通常只是句氣話，絕對不代表他打算交由部屬決定。通常，老闆是在暗示你：「我並沒有被說服喔。」希望部屬能體察老闆的心思、順著老闆的想法再重新考慮。

再舉一個例子，當你今天向老闆提了一份報告，看完你的報告後，他說：「我再想想。」其實有可能是在暗示你：「這內容有點問題、不夠周延，你再回去想想看吧！」記得，必須回頭再想想的，是你，不是他。

還有的老闆會在會議中拋出一個問題，「有沒有更實際的辦法？」試問，在商業世界中，還有什麼問題比「金錢」更加實際？但是預算或資金不足，對老闆來說是他最不想承認、也最感頭痛的問題。因此，當老闆要求「更實際的作法」，就代表著他需要你提出「更省錢的作法」，這時你不如趕緊修改方案，看能否為老闆多節省一些支出吧！

老闆的情緒暴走，通常都是一場刻意的演出

因此，「向上管理」絕對是職場工作者最重要的功課之一，尤其是「聽懂老闆罵人的深意」，才能少做很多傻事。

曾經，有位老闆用相當嚴厲的語氣在指責、怒斥我，甚至開口說我是「薪水小偷」，並且要求明年度的業績一定要盡快衝起來……。

坦白說，「薪水小偷」這說法真的很傷人，侮辱性極強吧？那時候的我，也不過才三十歲出頭，其實當下不是沒想過轉頭走人。然而，若能在當下先深呼吸冷靜下來，別一時衝動，其實慢慢就能理解老闆的深意。

首先，作為員工要領悟的第一件事，是徹底捨棄「我沒有功勞，也有苦勞」這個念頭。那時的我確實是為了工作鞠躬盡瘁，每天加班，連外公、外婆過世，我都未能及時奔喪。但是站在老闆的角度，他花了數百萬元的年薪聘請我，我們做出成績是理所當然、非如此不可的。

其次，老闆的「罵人」是一門「藝術」，你千萬要心領神會，學會欣賞。

怎麼說呢？任何一位當了很久老闆的人，無不身經百戰、閱人無數，其實個個都是「老江湖」。如果他在董事會這種場合，彷彿理智斷線般的狂烈侮辱、怒罵你，那代表他並不是真的想要趕你走。相反的，他可能是故意在董事面前搶先開砲，罵給現場的眾人聽，意思是，「這個人做得不夠好，我已經幫各位罵過了，大家就手下留情吧！」

通常人性是這樣的，「董事長都已經罵得這麼兇了，我們就打個圓場吧，給年輕人一點機會。」有時，董事長罵得越兇，旁觀的其他人反而還會跳出來幫我說話呢。

如果我當時轉頭走人

相信我，如果「老江湖」真的要你滾蛋，他連罵人的力氣都不會浪費，而是直接請你走路就好了，會罵你，代表他對你還有所期待。當眾罵你，代表他可能是想保護你，因此特別「罵給別人聽」，其實他是在幫你擋子彈，避開可能來自他人的責難或妒嫉。

以這位董事長的例子來看，新事業不會馬上做出成績，創業經驗老到的他心裡很清楚；再者，執行面所遭逢的現實問題，例如行銷的配合、產品的規劃等等細節，他也多半都知道。但是董事不會明白這些細節，或者他們只是急於看到投資的成果……因此作為公司最高負責人，他必須居中「演這一齣戲」，讓大家願意給予新事業多一些時間。

回頭想想，如果當時的我一時羞憤難當、掉頭走人呢？那我就真的算是落荒而逃、錯失從這個職場學習成長的機會了。

4

帶人，是一種細活

刻意培養人才

每個主管及老闆都了解培養人才以及接班人的重要性，畢竟一個人能成就的事情有限，而一群人才能走得更遠。然而說歸說，平時處理工作中的大小事已是相當忙碌，還要從「日理萬機」中刻意空出時間及精力去培養人才，現實上其實不容易做到。

但，這就是對於領導者而言不容逃避的重要課題，你需要非常刻意的去挑選可造之材，然後將他改造成可為自己所用的「子弟兵」。

如何磨鍊可造之材？

上一篇就有聊到我進入健康器材公司前兩年的經歷，為了磨鍊我成為可以在日本開疆拓土、獨當一面作戰的大將，董事長可謂「用心良苦」，先派我到世界各地的市場歷練觀摩，同時觀察我能否在內外交攻的複雜職場人際關係中存活下來。明明他一直心繫日本市場，卻足足等待了將近兩年，等到我足夠成熟、準備好上戰場，然後才放飛我。

上一篇文章同時也提到，當我現在帶領餐廳的員工時，常會找機會帶他們去比較高級的餐廳用餐，讓他們感受「精緻服務」的真諦。帶一堆人去高級餐廳用餐，不花錢嗎？當然花大錢！不過，這些預算肯定也是投資在自己覺得具備發展潛力、有上進心的員工身上，絕非一視同仁。

我為什麼選擇這麼做？因為這些年輕的員工目前的收入有限，平日不一定有機會去很高檔的餐廳用餐，但是身為主管，我有義務讓優秀的員工得以提升他們的視野，看到不一樣的世界，才能激勵他們繼續向上精進，追求未來更高遠的目標。

這一點，我完全是從先前第一家日本公司的老闆（即台灣區總經理）身上學習來的。因為他當初就曾經非常刻意的在工作中訓練我，帶給我很多啟發。

帶人必須帶到心

怎麼刻意法呢？我在這家日本公司工作了五年，這位總經理帶我走遍了所有我以前即使花錢都不可能去的地方，增廣見聞。我從他身上學到的，不只是吃喝穿用等物質性的品味，重點是，日商最講究的是規矩，但是他總是能夠在這個規矩的框架之下，讓你感覺他額外多給了你一點。我覺得這正是員工都特別想要得到的，亦即讓你感覺自己很特別的「特殊待遇」。當然，前提一定是老闆特別欣賞、看好這位員工啦。

譬如，當他帶我越洋出差時，他會特別幫我升級商務艙。這當然不符合公司的規定，所以他會讓我知道，是他自己掏腰包幫我升級的。而且，他也不是毫無來由的就幫我升級或做出獎賞，他這麼做一定出於一個合理的理由，例如，「你今天做什麼事情，表現得非常好，所以我幫你這樣、那樣。」

又譬如，我今天拿到一個案子。論業務獎金，可能就是一、兩萬元而已；但是他可能送了一個名牌包給我，價格遠遠超過一、兩萬元。他會告訴我，當我表現出成績，不要將眼光侷限、或滿足於眼前這一點獎金而已，而他現在送我這個名牌包，正是期許我更上一層樓，未來應該努力得到更好的報酬，以及更好的包。

名牌包遠比獎金多出很多錢，但是他卻願意花這些錢來增添我們的體面，讓我們業務人員出場作戰時，「行頭」不能輸人。

獎勵不是給了就好，要給出效益

一般來說，各公司在員工出差時，對於不同職級的員工，會按職級給予不同的規格安排，無論是飯店或機票，都是有明文規定的，但這位總經理則是願意想辦法幫好員工破格、或為好員工向上爭取。同時，也會告訴你，他之所以這麼做的理由，以及他想要帶你看到什麼東西、達到什麼樣的結果。

舉例來說，有一次我陪同總經理出差，原本，我以為自己是經濟艙，沒想到當我拿到機票時，發現自己坐的是商務艙！但座位卻不是跟總經理坐在一起，而是前後分開坐。

原來，這也是刻意的。

下飛機時，總經理問：「你旁邊坐的是什麼人啊？」初次被問時，我心裡想：「這個我哪知道啊，會搭商務艙的人多半是大人物，我們這種小朋友，哪裡好意思隨便跟人家攀談！」

不過，被老闆問過之後我懂了，讓我坐商務艙，可能是希望我跟商務艙的客人聊天，開拓視野或延伸可能的商機。第一次，你可能臉皮薄，沒勇氣找人說話；但是當你坐到第五次之後，就會變得越加習慣，並且有自信。因為不自覺間，你已經是商務艙的常客了，逐漸可以很自在地與其他客人侃侃而談。

所以，可以說這位總經理是要幫助我建立自信，而且是採取循序漸進的方式，他先提供機會，其他部分則是讓我自己慢慢去體會、摸索。他擅長給出獎勵，但這個獎勵必定讓你有感，同時讓你知道，這獎勵背後是有目的的，例如希望帶給你某種特殊的體驗或學習。

總而言之，獎勵不是給了就算，而是要給到位，要給出效果，將效益極大化！

我覺得他帶人真的很有一套，坦白說，台灣老闆通常很難做到這個程度。因為，這樣的作法相當精緻細膩，卻也非常勞力費神。有時，部屬或員工未必能感受到老闆的用心，但是話說回來，如果有一天，當員工體會到時，你覺得他會不會對這位主管永遠感念，或從此死心塌地的追隨呢？

5

無論是自己或用人，都得選對賽道

將人放在對的位置

作為領導者，學會「把人放在對的位置」極其重要；而「把人放在對的位置」不僅是指針對你的員工或部屬，也包括了你自己。畢竟，所謂的「領導」，首要任務就是把自己先管好。

為什麼會生出這樣的領悟呢？這點與我近來自己的經驗有關。

選對賽道，更能發光發熱

原本我在集團擔任的角色是「營運長」（Chief Operating Officer, COO），主掌集團下每個事業部及公司的實際營運狀態。營運長是每天都在打仗的，那時的我，每天一睜開眼睛，就得緊盯著媒體當日動態，看看有沒有與我們娛樂經紀部門相關的新聞，例如有關於旗下女團的社群發言；隨時盯著每家餐飲事業部的每日營業報表，如果近期業績下滑，必須立刻、馬上祭出改善方案，提升業績。

擔任營運長這段期間，我自覺是有些痛苦的。以我對自己的了解，我是屬於比較「慢熱」、「慢思」型的人，因此以我的屬性，更加適合籌謀比較長期的計畫，而不是面對許多當下就得即時做出決策、快速因應的那種任務。我的性格適合慢火 cooking（醞釀）一個大型或長時間的專案，相對來說不擅長快速決策，無法迅速祭出解決方案提供給團隊。

說實話，要決策、簽核餐飲事業部一筆三萬元的支出，跟決定一筆三千萬元、甚至上億元的支出比較，我所需要的思考時間可能都一樣多，就是必須要想這麼久。這樣的思考習慣及決策模式，對於每天打開門就必須活在當下、即時作戰的餐飲事業部來說，真的不適合，因為餐飲部門的突發狀況或緊急事件實在是太多了。

再者，許多業務性格很強的主管，一看到店裡當下業績不妙，可能馬上就能call到人來填補業績，這是業務的強項。這一點，對於已經離開第一線業務工作很久的我來說，可能做得還不如一位基層的業務人員。

人貴自知，當老闆也不必要樣樣精通，如果有些事情別人可以做得比你好，最好學習勇敢放下，並且快速轉換。因此，我後來就與集團的其他夥伴溝通，將「營運長」的角色交給別的夥伴去承擔，而我則轉而擔任「商務長」，負責對外進行商業連結及人脈交流。

進行商業連結及人脈交流，是我自己非常擅長的事，且這類任務多半需要經過長時間的醞釀，非立竿見影、一蹴可幾，但它有可能為集團帶來未來長期的利益或大型的擴展機會。然而，這種大型計畫就是需要花費許多時間去思考、籌謀，然後等到有一天它水到渠成，進而開花結果。這，就是我在集團所扮演的角色。

善用對外合作的「雙B」策略

現代企業之間流行所謂的「Chief Brand Officer, CBO」，中文譯名為「品牌長」，它是現代組織中所設置專門負責品牌戰略管理與運營的高階主管，主要負責企業形象、品牌以及文化，進行內外部溝通。

從我個人的角度來看，我覺得CBO與商務長的角色是相當接近的，或者說是一體兩面，缺一不可。

CBO管的是企業品牌（Brand），商務長管的是對外的商務合作及相互往來（Business）。當你對外洽談任何的商務合作或新業務的拓展，背後一定是訴諸自家企業的品牌形象，或是主事者的個人形象；別人會選擇或樂意與你合作，當然也是立基於對你企業品牌的認同，或是個人品牌的信賴。因此，品牌（Brand）與商務（Business）是很難分開來談的，這就是對外洽談合作的「雙B」策略。

因此，當我終於自我釐清後，將自己放在集團中最洽當的位置，我就能夠發揮出更強大的戰力，為團隊加分，這便是「選對賽道」的重要性。

每個人都是人才，只是有時放錯位置

對自己在團隊中的位置是如此，領導員工當然也是一樣。

舉例來說，我們團隊中有一位同事，他對外做「陌生開發」超級強，但是每到後期執行的階段，卻總是引來頗多的客訴。

這樣的人可以用嗎？當然可以，可是要用在對的位置。於是，我們就放手讓他專注於他最擅長的陌生開發，例如請他列出某產業前十名的人物，他就有本事馬上找到這些人，把他們全部 call 來開會。他不擅長做後續執行的工作，我們就找別的同事來接手，這樣就能把他開發來的案子都接得穩穩妥妥。

站在他的立場，他可以更專心地做自己最擅長的工作，成就感更高；站在公司的立場來看，員工的產能也能明顯提升，對雙方都好。

在此，我想舉麥當勞的員工管理方式為例，炸薯條的人就專心負責炸薯條，做飲料的就專責做飲料。比較基層的員工，很適合這類一人負責一條生產線的管理模式；樣樣都略為通曉的通才，則適合擔任企業中高階主管的角色，領導基層員工。然而當真的進入更高階的經理人角色時，可能又得具備某種單一、專精的能力，才能專注做到最好。

其實，身為領導者，不要終日慨歎身邊沒有人才，因為，「每個人都是人才，只是有時被放錯了位置」。

此外，用人之道，不單單只是找到對的人，還需要給予適度的授權、信任、資源以及可任其發揮的位置。身為領導者，有時我們並沒有學會尊重自己手上的權力。這指的是，用人需要知人善任，否則我們就是沒有審慎地運用這個可以影響、左右他人生涯的權力。

因此可以說，在上位者，如果能了解每一位員工的優缺點與強弱項，進而有意識地培訓人才，讓他們在工作上能夠徹底發揮，貢獻企業，這可以說是我們在員工管理上最最重要的工作。

6

掌握與 Z 世代工作者的溝通關鍵

向下學習

我們在職場不是為了交朋友，而是與工作夥伴們共同完成老闆的任務或企業的目標。而職場溝通是指我們對於工作附帶事務所做的任何類型之溝通，包括個別任務的相關溝通、分享專案狀態更新，或向經理或員工提出回饋。

了解如何進行職場溝通，是與同仁有效協作的關鍵要素，因為若無法清楚地溝通，可能因此承受不必要的誤解、混淆，或甚至在不經意間傷害到別人的感受。

與Z世代溝通大不同

隨著職場環境的轉變，而衍生出不同的世代人群。也因為不一樣的成長背景，讓不同世代的人們在溝通相處時，存在著一些文化差異和不同的價值觀。

例如在集團裡，員工年紀普遍來說偏向年輕，但也同時存在著Y世代及Z世代。Y世代可能期望學習新的知識和技能，並且積極向上和公司一起努力，實現夢想；Z世代則是相當多元發展的一代，擁有許多不斷變化的次文化。Z世代在工作場所中常常展現他們的靈活性，富有創造力且無所畏懼，與Y世代有截然不同的工作模式。

舉例來說，之前同事之間主要使用email溝通，然而Z世代更習慣於在社群媒體上找到靈感就直接丟訊息出來，並且直接在社群媒體上進行交流。

還有，以前的部屬在工作時，時常接到老闆的模糊指令，就算不清不楚也不太敢問，只好「揣摩上意」先做下去再說；現在的Z世代則更勇於發問，所以主管給他的指令越清楚越好。

Z世代因為自小沉浸於數位世界及社群媒體，他們認知的世界早就與Y世代有很大的不同，無論是創意及思維，都有不少可以向他們學習的地方。

所以作為老闆，我在辦公室會竭力去營造更加開放、自由、舒適的工作空間及環境氛圍，並且在職場溝通上，大家就事論事，不論階級及職位。

開會時更是如此，盡量鼓勵大家激盪創意，可以自由發想創意，暢所欲言。這一點，說來容易，其實需要主管及老闆相當努力節制自己的發言，不要凡事急著下結論，這樣才能讓「開會」達到廣納建言、集思廣益的作用。

為什麼一定要作PPT？

職場溝通有時是面對面、書面、透過視訊會議平台，或以小組會議進行。它也可能即時或非同步進行，透過電子郵件、錄製的影片，或在專案管理工具這類平台上溝通工作相關事務。其中，我特別想要談到大家最常使用的溝通、開會工具——簡報PPT（PowerPoint）。

在對內、對外溝通的簡報或會議中，我幾乎一定要求每個人事前準備了PPT再來。因為到目前為止，我認為PPT還是相當有效的溝通工具。

工作中的相關會議及討論真的相當多，經過一整天的繁冗、忙碌下來，大家多半都精神渙散，注意力很難集中。因此，PPT最大的作用，就是提綱挈領，將主講者所要表達的事項，以條列式、圖表或數據等形式簡明扼要地抓出重點，讓聽者即使在聽取報告時偶爾神遊，還是能夠掌握報告的重點，適時做出回應。

但是切記，PPT的「提綱挈領」作用，是指針對聽者而言，因此整體的視覺設計，倒是不必多麼的花俏炫目，但是內容上應該是足夠簡明扼要，字真的不必多，所謂的「重點」也不必條列出來一拖拉庫，這樣就失去了希望讓聽者易於吸收及記取的功用。

PPT的內容絕對不是用來幫主講者「提詞」用的，若是怕自己忘記內容，你必須要自己另外準備小抄，而非把所有要報告的內容全放在PPT上照著念……。

此外，主講者報告時一直雙眼望著PPT念，然後聽者也是一路死盯著

ＰＰＴ聽主講者「朗讀」內容，這樣實在是讓聽眾很容易「失神」。別忘了，主講者才是這整個報告的核心，而ＰＰＴ只是作為報告的輔助工具，不是主角。你要時時維持一個「演講」的狀態，讓所有聽者將注意力放在你的身上，只是偶爾在你的引導下瞟一眼ＰＰＴ就好。

總之，運用得當，善用ＰＰＴ歸納重點，則ＰＰＴ會是簡報最佳輔助工具。

另外，現在在很多影音平台上看到的影片，是以手寫體的字在摘要主講者的主講內容，主講者一邊說話，手寫字就一一隨之顯現出來。我覺得這種呈現模式很像我們童年時在課堂上看老師寫板書，老師一邊口中說著說著，一邊用手在黑板寫下相關的關鍵字（重點）作為輔助。這種表現形式完全不會干擾到講者的發言，我覺得也很棒。

社群媒體是Z世代的戰場

我自己常從公司的年輕同仁身上學習到很多。舉例來說，當我們的藝能事業部在經營女團時，電視節目播出的高峰期間，幾乎社群媒體上每天都有各式各樣的網友發言，我們必須時時緊盯，留意風向。有時，有網友或對手在媒體上發表了一則不利於女團的負面發言，這時依照我原本的思考邏輯，當然是越快反應越好，趕緊上去發言把對方的嘴堵住。

事情不就是如此嗎？但Z世代的想法不是這樣！

他們可能建議：「我們凌晨三點再上去發言，因為這時對方的鍵盤手可能都睡了，此時上去發言，對方也來不及回擊或反駁什麼了。」明天一覺醒來，天氣晴朗。

對於網上風暴不必急著回應，這是我從這群更年輕的員工身上學到的事。先觀察一下整個言論的後續效應，有的言論說了也沒有太多網友理會，漣漪不興，那你根本就不必回應，免得反而炒熱了這個話題；有的言論一出來沒多久，就被其他更重大的事件自然掩蓋過去了，那你也不必回應，省得再次「提醒」大家有這回事……。

即便當下沒有別的大事件出現，這些小朋友自己手中也握有、常備了一些具有爭議性的話題素材，只要網上出現相當棘手、難以回應或反駁的負面訊息，這些新聞隨時可以被丟出來，迅速轉移網友的注意力，讓大眾輿論立即轉向他處。

在藝能界或政治圈，許多負責社群行銷的高手，手中平時都會準備好一些可以扭轉網路風向的新聞或話題，必要時就會被拋出來，設法「挽救輿論」。

這一點，相信大家在一般的影視媒體戲劇中，應該也常常看到不少類似的情節。

總而言之，Z世代員工目前在職場的比例日益增加，想要與這群新世代員工和平共處，並善用他們的戰力及創意，首先要學會尊重他們的思維模式及工作風格，並且以他們可以接受的方式進行溝通，這樣才能打造出一個更加多元共融、創意無限的工作場域。

7

沒有十年計畫，只有一年好活

周全

台灣的企業好像很少有十年計畫，一般公司在做營運計畫時，大多只有未來三年、五年的計畫就差不多了。也無怪乎，許多企業的壽命真的不長，宏碁集團創辦人、智榮基金會董事長施振榮曾經指出，台灣的企業平均壽命約七年，大陸企業平均壽命則約三年，距離百年企業都非常遙遠。

而我是後來在日本創業時，才觀察到日本的企業運作並非如此，他們通常很習慣於做出未來十年、二十年的長期規劃。而日本盛產百年、甚至千年企業，數量之多居全球之冠，我認為其中一個原因，在於他們對企業有長遠的計畫及籌謀，追求永續的經營。

被退二十次件的領悟

講到年度計畫，不能不提到當年在擔任負責人之前的一段故事。前面曾提到在我要到日本打天下之前，董事長對我有各式各樣的磨鍊計畫，例如陸續派我到各個國家出差歷練、觀摩市場。除此以外，他還要求我提出日本公司未來的計畫，包括三年、五年、七年、十年，甚至二十年的計畫。你猜猜這份計畫書我前後一共做了多少次？

二十次！

對！我的報告被董事長前前後後退件近二十次，歷經將近一年的時間！

我的故事是這樣子的：當董事長要我提交報告的最初，我是自信滿滿、躊躇滿志，因為寫出漂亮的報告是我的專長之一，畢竟過去的我在這方面鮮少嘗受敗績。殊不知，當我穿著一身西裝筆挺、氣宇軒昂地出現在董事長及公司幾位重要幹部面前，口頭簡報完各項執行細節的ＰＰＴ之後，董事長揚眉看了我一眼，慢條斯理地說：「都還沒有做，你講這些是要幹什麼？」

啊！原來老闆要的是我先勾勒出未來三年、五年、七年、十年、二十年的發展藍圖，但是不必講到鉅細靡遺的執行面啊！

接下來，我就努力準備公司未來短、中、長期的營運計畫，包括ＳＷＯＴ分析等等的都有。這次，老闆看完又丟給我一句：「那你這樣是能賺到多少錢？要做多少業績？」總之，這個提問應該是要求我業績目標要訂得更明確，並且提出達到目標的確實作法。

到第三次報告完畢，老闆又對我提出新的疑問：「你的市場在日本，那麼你對於日本市場的觀察跟分析在哪裡？」

到第三次被退件之後，我大概就領悟出老闆的用意了。

不管你怎麼提，也不論他有沒有認真看過你的提案，總之他一定會繼續丟出各式各樣的新問題來刁難你、質疑你，攻擊你的漏洞，沒有打算讓你過關；現場的其他重要幹部也不可能閒著，肯定努力七嘴八舌提出各種問題來考你，以凸顯他們的「專業」。說穿了，老闆不斷退你的件，不單純只是要打臉你、挫你的銳氣而已，更重要的是，他要逼你把這份計畫前前後後、反反覆覆的通盤思考到透徹，不容許有任何的遺漏或疏失。

當然，在這二十次來來回回的「交手」過程中，身心真的是備受煎熬。從原先的自信洋溢，到開始自我懷疑：「我是不是真的還沒準備好？」接著重建自信，然後信心再度被擊潰……就這樣反覆輪迴。在這不斷「被擊潰後重新站起」的過程中，我終於一路撐了下來，幸好背後的信念是：「我一定要撐下去，因為除了我，沒人能做得更好！」

至於最後一次，我是怎麼過關的？

在報告之後，老闆對我說：「看來再不去也是不行了，不然你下週就去日本吧！」短短的一句話，可能就是華人老闆對部屬最正面的肯定方式了！我終於順利踏上赴日就任之路。而對於老闆來說，公司為這項計畫投注了上千萬元的賭注，去打這場戰，作為公司最高負責人，他當然有必要再三確認，我這個主事者已經將一切營運計畫盡可能做到完善周全，雖然不敢說必勝，至少要有很高的勝率，他也才能對股東們有所交代。

我認為董事長在打磨我的，也是屬於創業者應該具備的心態：「一旦決定啟動了，就勇往直前，無所畏懼；但是，在啟動之前請先勇於檢視、自我懷疑一百次。」

有未來的計畫，才知道前進的方向

當我現在自己創業後，深知長期計畫的重要性。當你預先為未來訂好目標，那麼現在企業的一切作為，就可以槍口一致的對準那個標靶，大家同心協力朝向同一個目標前進，才不至於走偏或瞎忙。

先前我曾在集團中管理一家娛樂經紀公司，經營一個全新的少女團體，一般人只看到這個女團在知名製作人詹哥詹仁雄製作的節目中嶄露頭角，殊不知早在一年半前，我們就在積極地籌劃這一切了。

成立一家經紀公司沒有那麼容易，畢竟我們在這個領域是完全的新手。此外，要產生這樣一個「素人」女團，必須自二百人中海選、過濾出其中十人，然後加以培訓，一切都需要時間的醞釀。它不是為了一個為期僅三個月的節目而生，而是更早之前就展開準備了。

而一個女團的誕生，也只是集團整個大計畫中的其中一環。早在二〇二一年的 COVID-19 疫情期間，那時我們已經為整個國際集團訂下一個集團的總體目標——「一千天攻蛋」。

簡言之，我們訂在二〇二五年的某一天，女團要登上台北市小巨蛋的舞台。不僅如此，別的公司想要登上小巨蛋，可能需要很多協力廠商的配合才能達成目標，但我希望不仰賴外力，我們集團要「獨力」完成這全套計畫。這意味著，不僅要有自己的藝人，我們要有自己的影像製作公司、自己的人力調派公司、自己的節目策劃公司等等。很巧的，這些集團在當時全部都具備！因此可以這麼說，二〇二五年的這天就是集團全員到齊的「集團成果發表會」。在這一天，我們要向全台灣展現集團的實力，讓世界看見我們：如何將一千天前還是素人的藝人們推進小巨蛋！

總體目標既已確定，各個分公司各就各位，不論平時在做什麼，大家都知道這一天每個人的任務是什麼，因此現在各自應該累積什麼樣的演唱會經驗，或是短期的公司計畫如何連結到這個長期的集團計畫，大家隨時都放在心上，並融入每日的工作中。

雖然由於內部人事問題，這個計畫未能繼續往前推進，但我認為這個案例仍然值得在此分享出來，因為它說明了為團隊訂定長期計畫及總體目標的意義所在。

CHAPTER

3

關於產品行銷，最關鍵的1%是？

1

不想送死，先寫好劇本再上場！

先求勝，再求戰

在我一路以來的生涯歷程中，一直跟餐廳都蠻有緣的，從初入社會就在全台連鎖系統的四海遊龍鍋貼專賣店擔任店長，到在安和路及基隆路經營酒吧及餐酒館，到後來投資火鍋店，結下不解之緣。

雖然每家餐廳的經營時間及型態都相差甚大，但對於我來說，開店前都是抱持同一種思維，即「先求勝，再求戰」；也就是說，先寫好劇本再上場，先做好準備再開店，至少，要先確定讓自己立於不敗之地，然後再上戰場。這一點，我也時常用來提醒我的餐飲夥伴以及工作人員們。

把基本的事做到好，是餐飲業首要關鍵

人生中的餐飲創業初體驗，是在四海遊龍鍋貼專賣店。那時剛從日本返回台灣，也不想直接去父親的公司上班。為了好好磨鍊我，他透過其他長輩安排我去頂下某一家四海遊龍擔任店長，並且要求我：「什麼時候店裡賺到一百萬元，你什麼時候就可以選擇不幹了。」

當時，我真的是一切從基層幹起，內場、外場什麼都做。而且，要做就要做到好，在每日勤於練習之下，我敢說自己包餃子的速度，稱得上是店內第一名。為了設法省錢、及早達到獲利一百萬元的目標，我將店內的人力成本降至最低，儘量讓其他工作人員在客人用餐的尖峰時間才上班，其他時段則是靠自己一人苦撐到底……如此，我做了大約一年才離開。

普遍來說，四海遊龍是全台知名的傳統連鎖系統，一般消費者對品牌認知度是高的，同時它所在的社區，已經有許多固定的客人，所以我們在行銷層面需要做的事不多，我要承擔的創業風險說實話不高。生意及收入好壞，每天的當日報表都會直接反映出來，其影響因素不外乎是天候好壞或是放假與否之類的，很容易推算結果。

經營這類型的店，其成敗關鍵，真的就是在於餐點製作及服務流程的SOP是否有掌握好，讓每位工作人員都能快速上手，此外則是人事、營運及採購進貨的「成本管控」。

可以說，我在四海遊龍這一年擔任店長所學習到的事，就是SOP管理在餐飲業的重要性。此外，就如同把餃子包好這回事，將「基本功」練好，讓餐點是美味好吃的，這就是做餐飲最最根本的生存要求。

正確的行銷劇本，才能克敵制勝

後來在日商公司擔任業務時，我跟另外三位朋友合夥，頂下位於台北市安和路的一家酒吧來經營，其實基本上也是先確定不敗，才敢下場經營。

當時，我們的算盤是這樣打的。第一，因為是頂讓別人的店，我們絲毫沒改動裝潢，一頂下店隔天就開張了，因此投資成本是低的。第二，我們四位合夥的股東當時每個人都另外有正職，開酒吧只是當作投資副業，圖一個朋友聚會方便，因此賺錢的壓力很小。第三，一般酒吧有一個生意的高峰期，就是每四年來一次的世界盃足球賽，而我們頂下店沒多久，就將迎來熱鬧滾滾的世足賽。

當然，以上這三個因素只是讓我們沒有太大的開創壓力，但真正要求勝，則是因為我們將原本這家店的ＴＡ（Target Audience，目標客群）成功的轉變了。

原本經營這家店的老闆算是中年大叔，他在經營的態度上比較隨興，吸引的客層也偏向中年族群；但我們由於才二十幾歲，身邊的朋友及同儕通常都比較年輕，為了吸引他們，我們也將酒品的單價調低了，並且善用口碑行銷，創造口耳相傳的攬客效果。

果然，這家鄰近知名音樂餐廳ＥＺ５的酒吧生意越來越好，有些玩樂團的人也往這裡跑，每逢週三、週五及週六，門口滿滿都是排隊的人龍。為了可以容納更多的客人，我們後來決定轉往信義路、基隆路交叉口開了一家店內面積更大的「角窩美式餐酒館」。

角窩有三層樓，裝潢時花了將近上千萬元的投資。經營迄今約十年，它多半做的都是回頭客，多年來已成為許多人一訪再訪、習慣停駐的餐酒館。

這個時期的餐廳行銷，多依賴部落格的撰文推薦。因為與知名部落客的合作多為「交換」性質，而非花錢購買的「業配文」，其實可信度還是比較高的。

引進商務客，才能拉高客單價

後來集團經營火鍋店及溫體牛肉鍋等店，主要目的則是向我們的客戶展示：我們就是有能力將一個品牌從零到有的經營起來，你可以完全相信我們、交給我們來做就對了！

最初選擇作蛤蠣火鍋，是因為我們在國外出差時看到蛤蠣火鍋，大為驚豔，因而想引進台灣。但是，在台灣推廣蛤蠣火鍋會遭遇一個問題，就是它的客單價拉不高。畢竟在台灣人的心目中，蛤蠣說不上是很高貴的食材，如此我們的獲利就有限。這樣的「獲利劇本」，對我來說是不ＯＫ的。

純粹吃火鍋，就很難做到商務客；做不到商務客，客單價就高不起來。因此，我們決定改弦更張做兩件事，一是除了火鍋之外，我們一定要另外增加別的餐點，例如豬腳及台菜，客人除了火鍋還有別的選項可以吃，自然會消費更多；第二，則是我們的餐廳要增設包廂，方便商務客人的聚會，也便於開酒，創造更高的消費。包廂的客人，可以另外點烤鴨及港式點心等等；每一家都同樣設有包廂，以吸引商務客的消費。

我們的廚師大部分來自前世貿聯誼社（台北世界貿易中心聯誼社）或老爺酒店的大廚，廚藝功夫絕不含糊，當一盤華麗烤鴨從廚房經過整間餐廳被送進了包廂，所有店中的客人無不聞香抬頭，內心悄悄嘀咕著：「下次有大型聚會時，我們也可以來這裡喔！」

當然，在這個數位行銷凌駕一切的時代，無論是藝人代言或是網紅的推波助瀾，行銷作為一樣都不能少；我們的股東之中也有藝能界的朋友，自然吸引很多傳播圈的朋友來光顧，更加炒熱店裡的氣氛。現在每家店的平均客單價達到一千五百元，一家以火鍋為主的店可以有這樣的業績，絕對是需要細膩的經營。

談到以上這些經營餐飲業的例子，我無非是想強調，在商場上，我們不能打沒有把握的仗。上戰場前，一定要預作準備，沙盤推演各種可能的狀況之後，至少要讓自己立於不敗，然後求勝。這一%相當重要，可以讓你因此少走許多冤枉路。

2

對手永遠是你最好的行銷夥伴

盯緊對手

《孫子兵法．謀攻篇》說：「知己知彼，百戰不殆。」我們都知道，在商場上要隨時緊盯著你的競爭對手，了解對方在做什麼，如此你至少可以處於「不殆」的狀態，亦即沒有危險。但是，實際上可以怎麼做呢？

我舉一些例子來說明吧。例如經營女團這件事情，為了經營粉絲，我們每週都預先做好一週新聞稿的排程，以維繫持續的曝光及媒體聲量。

每天最重要的事，是看看對手在做什麼

然而，計畫歸計畫，每天早晨一踏進公司，我們一定是先上競爭對手的官網或粉絲專頁看看：對手是否發了什麼重要新聞？如果對方有重大新聞釋出，那麼我們就得趕緊在內部開個會，討論是否需要緊急抽掉原本預計要上的新聞稿，然後換上更厲害、可與之抗衡的新聞內容。我們可能從原本排程內的新聞稿中抽出一份，稍做修改，然後趁著中午前發送。譬如對方突然釋出他們的團體剛獲得某某知名廠商的代言機會，那我們可能就將未來才要上的代言新聞提前於今日內發出。

為什麼要這麼做呢？因為現在就是一個「網路聲量高於一切行銷作為」的時代，讓流量進來，被大眾認知，就是行銷上的成功。當別人發了重要的新聞，我們就絕對不能在這個「搶新聞」的戰場上落於人後。如果今天參加節目的少

女團體共有六團，六個團體的網路總聲量是一百萬人，那麼我們至少想將其中的三十萬人轉化為我們團體的粉絲。

通常這種搶新聞熱度的作法，是以一天為單位。所以，只要你是在同一天內發出的，就有掌握到時效。相信我，在現今這個時代，幾乎所有新聞露出都是可以被設計的，「你看見的，就是我想讓你看到的」，此話絕非虛假。

搭對手便車，跑得更快！

不僅要時時盯緊對手，如果你原本並非強勢品牌，更要懂得「乘對方的勢」，若能在行銷上順利搭上別人的便車，往往能事半功倍！

再以我之前經營少女團體的行銷為例。在策略上，我們求的是節目一季十二集、十二次的曝光機會，以及伴隨而來的網路聲量，這才是我們真正要的。

我們知道，我們的對手為了自家的面子，個個都想爭第一名。那麼，第一季我們完全不爭，讓其他公司的少女團體奪得第一名沒關係，讓這些大公司拚命撒廣告預算炒熱節目的熱度。

小公司預算有限，因此我們的廣告預算從第四集才進場，反正這時候大哥大姐們已經幫我們炒熱了節目（所謂「做市」），然後我們設定：第五集我們應該要贏了。經過前四集對於競爭對手實力的細膩觀察，加上我們於第五集從日本找來一位全球街舞冠軍級的高手加入，作為祕密武器，果然在第五集的表演一鳴驚人，順利搶到第一名的寶座，甚至拿到史無前例的滿分。一時間，所有人都在討論：「她們從哪兒冒出來的？」這就是我們要的效果囉！

再者，這些圈內的大哥大姐們，有時打的還是傳統的戰爭，比較在意選秀節目中的勝負。但是，請回頭想想台灣選秀節目如「超級星光大道」或「超級偶像」等等，那些每一季身經百戰所產生的「第一名」，請問你現在腦海中還記得幾位？再請問他們後來都有紅嗎？

女團的行銷操作完全不在於搶第一名，或是根據節目每一集的主題設定去展現才藝，追求的是網路曝光最大化，因此必須珍惜這十二次的播出機會（畢竟花了幾千萬元）為這個還很新的女團好好的講述一個完整的故事，讓粉絲有談資、素材可以持續不輟地討論她們的種種……。

回顧節目開播至今，這個團體走的就不是尋常路，不論是外星人、腦洞次元甚至電波系，都順利凸顯她們與其他女團的不同定位性。從最初形象影片中宣傳紫水晶（其顏色與團名帶出關聯）代表神祕，窺探未來、發現無可比擬的璀璨，再到每一集主題公演中的詞曲意境剖析，都再再表明她們企圖拓展開來的世界觀企圖心。其中在網路上最常引發網友討論、歌詞中出現的關鍵字「紫月炙漾」，也隨著節目播出，逐漸揭開女團背後世界構成概念的面紗。

「紫月炙漾」究竟是什麼？你懂不懂不重要，重要的是，少男少女會在網路上不斷的從這概念再延伸出更多、更多話題。隨著節目收尾，女團所有的舞台表現串連，彷彿帶領觀眾暢遊了一本奇幻小說，創造想像另一個未知的次元世界。而環繞著「紫月炙漾」的整個故事設定，未來關於女團的所有周邊商品，包括創作小說等等，都可以此為基礎衍生出去，多元展開。

善用市場上的老二哲學

這種「搭對手便車」的思維，同樣適用於我在面對業界龍頭品牌時的行銷作為。

假設「老大」的產品賣十萬元，那我們「老二」就賣八萬八千元，往往就有一些消費者會因為比較便宜而選擇我們。

每逢父親節、母親節等大大小小的節日，身為產業龍頭的品牌可能從一個月前就開始砸預算做廣告，炒熱送禮市場；但是老二的產品可能是在節日的前一週才開始做廣告，反正消費者通常也是在過節前幾天才會認真著手準備送禮……。

製造送禮的氛圍（所謂「做市」），這種事留給「老大哥」去做就好，因為他們的資源及預算比別人多，而且為了鞏固龍頭地位，他們會做好做滿；而老二就是要跟緊老大的腳步，有便車就搭，人家做宣傳，你們趕緊跟著推產品。

如果你的產品不差，又相對CP值高，仍有許多消費者精打細算後會選擇你的產品，一樣達到行銷目的！

3

營造素人團體出線機會

放長線

當新興品牌要進入一個發展成熟的市場，有時無法短視近利，立求有功，而是必須願意放長線去經營。幸而，現在社群媒體勃興，行銷宣傳的管道變得如此多元而廣泛，也給了新興品牌更多出線的機會。

節目的結束，才是開始

如前文提到，當時我在管理娛樂經紀公司，經營一個嶄新的少女團體，當時，另外五家參加節目的藝人經紀公司所推出的女團，幾乎在此之前都多多少少有過演出經驗；只有我們所推出的女團，就是一個「全素」的女團。

因為是素人，我們所要承受的壓力不小，例如，我們的粉絲專頁一切是從零開始，粉絲數跟別家比起來，就是一個敬陪末座；例如，這個女團在前四集的節目中被觀眾留言罵爆了：「服裝造型也太爛了吧！經紀公司到底有沒有在用心啊？」、「演出水準差太多，濫竽充數！」……。是一直到第五集，等到我們將對手的本事及招數逐步摸清楚了，自己也都調整適應好了，才翻轉戰績搶到第一名的。但是在此之前，你必須先忍受他人的訕笑及看輕。

而選擇經營「素人」，有其主客觀的因素。

首先，在藝能界尚屬新手的我們，只能經營素人。而素人恰是許多傳統大型經紀公司所較少經營的，因為他們不想再浪費那些時間與精力，去進行長期的投資，而是希望可以趕快看到回收。

年輕的新公司不然，雖然我們在傳統的主流媒體或資金方面不能與資深經紀公司相比，但是我們通常對於新的社群媒體及行銷工具更加熟悉，並且也樂於投資時間，放長線經營藝人。

舉例來說，「在抖音（Tik Tok）有兩萬粉絲追蹤」，對於傳統經紀公司來說可能毫無意義，因為粉絲數何時可以轉換成現金，沒人知道，更別說抖音的受眾大部分是還沒有太多消費能力的中學生，傳統經紀公司對此實在看不上眼。但是我們公司覺得，經營青少年市場是值得的，因為可以預期，他們的消費力在未來會有所成長。

再舉一例，傳統的台灣經紀公司不太重視周邊商品，一點商品銷售起來可能創造出十萬、二十萬元的營業額，對於大型經紀公司來說業績貢獻度實在太低了。但是對我們來說，我認為周邊商品可以延伸藝人對於粉絲的影響力，因此值得我們去開發、經營，這完全是從另一種思維出發。

這時，不得不聊到我對於日本及台灣藝能界的一點觀察。我發現，台灣的藝人經紀過去比較傾向於打「空戰」，基本上是把藝人包裝得「高高在上」，與一般民眾是有距離感的，而主要宣傳方式就是透過主流媒體的曝光。而日本的藝能界則傾向於打「地面戰」，無論是當年的傑尼斯「SMAP」或後來的「嵐」（Arashi），他們在當紅前都是日本全國跑遍遍，透過無數大大小小的現場演出累積實力及口碑。

這種「地面戰」的作法，在台灣的藝能界是比較晚近才開始出現；而經營校園演唱會，恰好是敝集團的強項之一，我們當初就是做校園等大小演唱會的人力調派起家的呀！據我觀察，校園演唱會堪稱磨鍊及測試新人的最佳「殘酷舞台」，在校園舞台上表現傑出，你就有機會由「C咖」再向上晉升為「B咖」，可能開始挑戰西門町或其他中小型的演唱會等等。反之，若連在校園演唱會都無法「被看見」，那可能就代表你真的才華或條件有限了。

所以，以前我們為別家公司經營C咖藝人、推進校園，現在我們則一樣從校園等中小型演唱會開始經營自己的C咖藝人。對我們經營的這個女團來說，伴隨著節目的落幕，屬於她們的故事卻才剛剛展開序幕。未來，我們就會透過所有商演機會或校園演出逐步累積女團的粉絲，我認為這也是經營素人的策略之一。

想要走得長遠，必須抓緊女性粉絲

在經營「素人」的過程中，我也獲得了一些新的觀察與體悟。

當初，在節目的第三集及第四集，有要求我們邀請知名藝人合作，於是我們邀請了雙人組合「九澤ＣＰ」——陳零九及邱鋒澤兩位帥哥。有人可能會覺得奇怪：女團的粉絲不都是宅男嗎？為何不是邀請類似「宅男女神」如郭書瑤等，反而是邀帥哥藝人呢？

我們的思維是，即使是女團，光靠宅男粉絲絕對不足，因為男性粉絲是不忠誠的，他們的注意力通常很快就轉移到別處；反之女性粉絲不一樣，她們忠誠又熱情。放眼看看樂壇成名很久的女團（例如S.H.E）或女藝人，哪一個不是靠女性粉絲撐起來的？而九澤ＣＰ的雙人組合，正好可以幫助我們的女團吸來更多女性粉絲。

再者，女性粉絲特別鍾愛「素人」。受女性粉絲喜愛的女性，通常不是天生就才貌出眾、身材傲人、或啣著金湯匙出身的「女神」或「公主」；相反的，出身或外表普普、或是依靠著自己的努力一步一步向上爬的「小麻雀」或「素人」，通常更容易獲得廣大女性粉絲的認同。因為，這些「素人」級女生的成功蛻變，對於一般女性來說，更容易在內心升起「她可以，那我也可以！」的心理投射，這種「麻雀變鳳凰」的故事，在這個時代顯得特別勵志，也格外療癒。

有了這樣的觀察及理解之後，我們就知道如何去經營素人團體，才能讓她們未來的路走得更加長遠。而且，還是那句話，節目的落幕，只是這個女團從月球降落地球的開端，屬於她們的旅程才正要開始。雖然現在我已經不是她們的老闆，對於她們璀璨的未來，仍寄予深深的祝福！

4

如何在初入新市場爭取到日本第一的「集英社」？

慎選起點

在我的職業生涯及創業歷程中，常常都在開拓新的市場或擴展新的領域。在其中我學到一件事，就是當你初次進入一個發展成長的市場，如何踏進第一步是相當重要的。最好起手式就是「大狠招」，讓你的對手們一次就看見你的實力，知道你是狠角色；否則，你可能如出生小苗剛剛萌芽崛起，就被業界大老們的大腳一腳踩爛，從此無力再起。

慎選起點很重要，例如我們與日本集英社的合作計畫，讓集團首戰動漫領域，就有了一個極其響亮的開端。

獲集英社青睞，等於搶到承辦動漫活動的門票

這個合作之前籌備了一年，終於將日本集英社神作「推しの子（我推的孩子）沈浸式漫畫光影展」搬到台灣。因為此展全球首站只在台灣（二〇二四年暑假在台北華山文創園區 Magic Box 展出），可以說是為台日文化產業搭上重要的橋梁。這是集英社第一次將光影展搬到海外，就選擇了由我承辦。背後不僅要感謝日本集英社的信任，加上集團旗下各子公司沒日沒夜的努力不懈，才得以將日本「MANGA DIVE」原汁原味於台灣重現。

所謂的「MANGA DIVE」，由日本集英社主導，在日本漫畫界掀起廣泛討論，它創造了一個讓人能進入作品畫面的空間，打破靜態觀展的既定印象，將漫畫的世界觀呈現在一個實體的空間中，讓步入展中的觀眾得以用全身去感受這部作品。

台灣進口正版動畫主要的版權代理商，在這個市場發展多年，已臻成熟，比較有經驗的代理公司，若你想要插手進去他們既有的生意，也是相當困難。

這時，你必須另闢蹊徑，找到別人尚未「染指」的缺口切入。而且如我前面所說的，第一次就要做到足夠大的案子，震撼業界，樹立口碑，讓業界眾人迅速折服，也不敢（或是無法）再一腳踩死你。

這就是我為何第一次就選擇集英社這個案子的原因，因為「集英社」這個招牌夠大、夠響亮。

凸顯自我優勢，勿追逐眼前小利

話雖如此，但歷史悠久的日本集英社為何要選擇與我們合作呢？我想，首先是因為我長期以來所建立的credit（信譽）及人脈資源，加上我在社群媒體（例如臉書）及業界長期經營的個人品牌形象（人設）算是成功，使得當集英社初次考慮海外巡展時，日本業界的大老級長輩便想到我、並推薦我，讓我得到這個機會。

第二個很重要的原因，我認為是來自於我們集團的優勢。因為很少有公司旗下有這麼多相關子公司，等於是關於承辦大型活動的所有軟硬體需求，我們都可以在一個集團內包攬，因此交給我們，等於集英社不必再費任何腦筋去找其他合作單位，並且活動的成本也可以壓到最經濟實惠……所以，雖然集英社當初在海外巡展這件事的決策上，內部經過漫長時間的考量過程；但是在選擇台灣合作夥伴上，直接選定了與我合作。

「做大事」之前，有一件事務必要留意，就是保密功夫要做到家；若是在成功前便走漏風聲，很容易驚動到競爭對手。像是這次與集英社合作，我們真的是一路鴨子划水，極度低調，以避免半路殺出「來搶親」的。直到二〇二四年的公開記者會一出，業界眾人才面面相覷：「這活動是哪家公司承辦的呀？」

這中間還發生一段插曲，我們當日邀請了兩位政治人物上台，會後馬上有業界對手跑去跟集英社的代表碎嘴，說此舉可能惹中國不開心，恐怕影響集英社在中國大陸的市場云云。雖然此事後來圓滿解決，並未影響我們與集英社既成的合作關係，不過確實也讓我學到，與海外合作需帶入政治面的考量，才不至於踩到他人的地雷。

此外，選擇起點首重它能否一舉幫你「攻下天下」，盈虧反而不是考量要點。我的意思是，第一件大案子就算不能幫你賺到錢，你也要勇於投資，因為首戰的重要意義不在於馬上賺錢，而在於「漂亮登陸」。當然，底線是「不能虧錢」。

做到最大時，競爭風險最低

秉持第一件案子「要做就要做大」的原則，在考量進入任何一個成熟、但對你來說是嶄新的市場時，就是要耐得住性子，不要任何機會都想投入，而是耐心等待天時、地利、人和等各項因素都成熟的最佳時機出現，然後全心投入。

另一個例子，就是我受邀參與日本熊本市「都市開發造鎮計畫」這件大事。

由於「台灣之光」台積電的存在，近兩年非常多人懷抱熊本淘金夢。想來這也無可厚非，畢竟我們一輩子能夠有幾次機會、可以跟著一個巨型企業以及城市開發成長？因此，小百姓可能思索著去熊本置產或創業，企業財團可能想著在當地發展什麼商機。像我這種長年、每天往日本跑的人，當然不可能不思考熊本這件事。但是我認為，如果只是考慮在熊本開間店什麼的，其實真的不差我一個，那並不是我所要的……。

因此，當我在前面提到的那位日本大老級長輩的引薦之下，受到日本幾位在政界、商界地位相當舉足輕重的長輩邀請，入夥熊本市「都市開發造鎮計畫」此一投資金額超過日幣一兆元的大型專案時，即使知道未來自己肯定必須投注相當多的時間及精力在其中，我還是感覺躍躍欲試，充滿期待，畢竟這是一個規模如此驚人的大型案子！若以此作為我踏入「土地開發」領域的起手式，絕對前景可期。

這個造鎮計畫龐大，牽涉百萬坪以上的土地開發。從將廣大的農地辦理土地地目變更為建地開始，它需要經過日本政府從地方到中央、層層關卡的審核及協助，也需要台灣與日本兩國政府之間的溝通協調，然後歷經整地、規劃及建設過程，我估計最快也要八年才能完成。

因為日本的合夥人都是在日本德高望重的大人物，年紀超過八十歲。我想，他們會選擇我，一方面是因為我同時熟悉台灣及日本商界；另一方面，應該是我的年紀輕，「有比較新鮮的肝」，因此在實際執行面可以付出更多吧，哈哈。

而我個人唯一的要求是，整體投資金額的一半，希望是來自台灣。畢竟，這整個造鎮計畫的起始，是源自於台灣企業台積電的設廠進駐。

當你投入的案子，投資金額比其他五千人所構思案子的投資總金額都要來得高，就可以一次打趴所有競爭對手；相對來說，當競爭門檻提到最高，投資風險最低，這是我的體會。

5

很多時候，錢是賺在你看不見的地方

異業合作

在商場上所有的行銷作為，有一些在當下似乎無法幫你賺到錢，但你總得在其他地方把錢賺回來，避免投資血本無歸。然而，要如何才能把錢賺回來，就需要你多一％的預先規劃。

將全家的流量導流到自家實體通路

舉個例子，當初集團旗下女團參與節目時，依照節目規定，每一集的冠軍都可以獲得一個獎品，而第五集的獎品，就是冠軍女團將可獲得全家便利商品代言的機會，價值五百萬元。

全家便利商店在全台灣的門市有將近四千兩百多家，若能獲得全家限量新品甜點的代言機會，在每個新品甜點的包裝上面都有女團成員的露出，這樣的廣大曝光機會，我們勢在必得。

節目的評分機制是，現場評審評分與觀眾投票各占一半，因此我們除了在第五集的表演節目中卯足全力，在網友為期一週的投票活動中，更是出動集團所有力量及可用資源，設法去衝高投票率。

在我們認真衝刺的情況下，我們集團旗下這個相對來說默默無名的女團，終於拿到全家代言的機會了！話說回來，拿到重要代言固然風光一時，讓女團的名字出現在全台的大街小巷，但是，這樣的風光並不能真正提升粉絲的黏著度，也不會讓我們賺到錢。

所以，我左思右想：如何讓我們的付出，至少得到部分的回收及實質效益？結論是，我們必須在別的地方把錢賺回來。

後來我想到了！我們必須讓此一活動與我們的實體餐廳有所連結。亦即，凡是購買全家的甜點後，與甜點拍下合照，憑此合照及購買發票到集團旗下的餐廳用餐，均可免費兌換餐廳美味高檔食材一份。這樣做，自然有機會把全省這三至五萬份限量甜點的購買者，轉換為到我們餐廳消費的新客人，實質提升餐廳的業績及獲利。

掌握衝動的當下，最容易成交

再舉另外一個例子，是我之前在前東家的行銷案例：將按摩椅推進德州撲克的比賽場地。這其實也是要突破既有的思維，才能在意想不到的地方賺到錢。

一般玩德州撲克的玩家，在經濟上是優渥的。德州撲克在國際間就是一種蠻普遍的運動賽事。在德州撲克的賽事現場，原本就一直都有真人按摩的相關服務。因此，主辦賽事的公司當初找上我們，探問我們是否願意為活動提供贊助，贊助按摩椅供與賽者免費使用，以舒緩身心的緊張與疲勞。

我們首先思索，贊助這種活動是否可能傷害品牌形象？

答案是不至於。畢竟德州撲克在國際間被視為是一種運動（game）。贏了就會有獎金，賺到錢就會有消費的衝動……。

而按摩椅屬於高價品，可以說，產品屬性與德州撲克的玩家客層不謀而合。更別說在整個賽事現場中，只有我們的產品因提供贊助而得以在現場展售。也可以說，玩家們在當下若想花錢，現場也只有我們的產品可以選擇。

前進德州撲克賽事現場，果然為我們帶來銷售佳績。也讓我更進一步思考，按摩椅究竟還可以在哪裡做銷售或推廣呢？

我決定，前進大飯店。

為何我們要贊助日本萬豪酒店集團按摩椅？

萬豪酒店集團（Marriott International）旗下包括喜來登酒店（Sheraton）、W酒店（W Hotels）、麗池・卡登酒店（The Ritz-Carlton）等知名酒店，在全日本有多達八十六家酒店，是相當有份量的飯店品牌。

我一直相信，當你突破自己的想像力限制，就能生出更多更多的可能性。

為了打進在大阪的萬豪系列酒店，我與同事們花了半年以上的工夫與相關窗口慢慢磨。記得，越在意對方，越不能表現急躁，而是耐住性子溝通。在這半年期間，我從不催問進度或要求回覆，只是不斷參與各項飯店的活動，保持出現在他們的面前，並持續釋出一些新資訊給對方，例如「台灣的知名飯店也有在房間內擺放按摩椅喔！」或是「泰國跟越南的飯店也有在放按摩椅的」等等。最後終於過關斬將，說服飯店高層，願意接受我們這個在日本尚名不見經傳的新品牌進駐。

歷經艱辛，我們最後談定贊助兩台按摩椅及其他周邊小型用品進入萬豪系列酒店的套房，讓酒店的頂級客人有機會體驗到按摩椅的優異品質。但這就是我們要的嗎？

當然不是！贊助萬豪系列酒店對我們來說只是一個台階，重點是，「進駐萬豪系列酒店」將成為我們產品進軍日本電視購物戰場的最佳助攻。

大家都知道，日本的電視購物市場已經相當成熟，一般日本民眾對於電視購物的信任度及依賴都很深，只要我們的產品能洽談進入電視購物的通路，代表我們的品質已獲得對方商品開發人員的肯定及認證。但是，如果能在商品的推介文案上再強調一句類似「美國萬豪系列酒店指定選用」等字眼，絕對可以吸引更多消費者的青睞，感覺使用我們的產品即代表了高貴與尊榮……。

這才是我所要追求的行銷效益，雖然我們免費贊助了兩台按摩椅，卻因此在電視購物通路多賣了幾千台按摩椅！做行銷的人一定要經常思考這個問題，如何在別的地方借力使力，才能在推廣行銷自家商品時，事半功倍。

6

怎樣讓生意越長越大？

層次拉高，格局放大

在商場上，許多業務是我們無形中行銷出去的；而個中關鍵，便在於你是否對於市場有足夠的洞察能力。此外，面對任何一個專案，要充分發揮你的想像力，層次拉高，格局放大，然後你會發現自己手中的案子越長越大、越長越大……。

爭取日本集英社漫畫光影展承辦權

二〇二四年集團的重大事件之一，就是與日本集英社的合作。集英社在日本漫畫界是第一把交椅，創社已有一百年歷史的他們，集團發行的漫畫雜誌包括《Jump》雜誌系列，旗下擁有眾多經典知名漫畫，包含《ONE PIECE 航海王》、《火影忍者》、《七龍珠》、《灌籃高手》等等。

除了傳統紙本漫畫之外，日本集英社為了能提供給讀者更多體驗空間，特別創立 XR 事業部門，結合 AR 與 VR 系統，透過 5G 網路發展出超越現實的體驗，不侷限於紙本，讓讀者能對於漫畫劇情與角色人物能有更多共感。

「MANGA DIVE」創造了一個讓人能以三六〇度進入作品畫面的空間，打破靜態觀展的既定印象，將漫畫的世界觀呈現在一個實體的空間中，步入展中的觀眾得以用全身去感受這部作品。

為了慶祝創社一百周年，二〇二四年集英社打算首度踏出國門，以集團旗下最新、最當紅的作品《我推的孩子》為主軸，巡迴全球舉辦「沉浸式漫畫光影展」。而這項展覽的世界首站，即選定台灣，且由我承辦。

為什麼是選定我們？一開始有此機緣，確實是來自於我在日本長期經營的人脈，使得集英社透過輾轉的探聽找到我。但也如眾所周知，日本企業向來內部決策審慎，尤其是第一次由集團自己巡迴全球，自然是萬分謹慎，為了把一切合作細節議定，我與他們從二〇二三年暑假展開溝通，然後談定由二〇二四年的六月底至九月初為主要展覽期，等於前後溝通及籌備了將近一年的時間，輾轉反覆，過程相當不容易。

既然談到如此重要的合作，我自然是傾盡全力。但傾盡全力還不夠，重點是，我們必須為這項合作盡可能地創造出更多價值，這不僅是為了我們的合作對象集英社，當然也是為了集團本身。

拉高層次到台日文化交流

首先，由於漫畫《我推的孩子》的主題是涉及偶像藝人及演藝圈內幕等等，我們就產生了由集團內女團擔任活動大使的創意發想，畢竟是目前台灣少數僅見的二次元偶像，與漫畫的形象比較相符，而我們也順利說服了集英社。

因此，我必須將整項活動向上提升到「文化交流」的層次，讓它不僅僅是一個單純為期兩個多月的漫畫展而已。否則，這個展跟一般每年發生在暑假、大大小小的動漫展，又有何差別？

是的，我就是這樣與集英社溝通的。集英社遠道來台灣辦活動，自然是希望透過這活動能夠與在地發生連結；而與當地的偶像女團進行代言合作，即是其中一個選項。此外，從集英社的立場來思考，他們來台灣辦活動，也期待獲得台灣官方的認可，因而得到更多官方資源之挹注，例如相關經費的補助，或是提供場地的優惠等等。

於是，我透過自己的政商人脈，接觸到政府高層，邀請到頗具份量的政治人物及產官學巨頭來為活動站台，同時我們藉此讓政府高層理解，這項活動並不僅是日本集英社來台辦展、賺賺台灣人的錢而已，而是集英社同時想要與台灣的文化藝能界展開交流及合作。

如此，對於政府、日本集英社與我三方來說，豈不是皆大歡喜嗎？

擴大格局為一場夏日嘉年華

此外，日本集英社首度出國辦展，一定要讓「MANGA DIVE」這項活動創造出最大聲量，那麼要如何做到呢？

我心裡想的絕對不只是一個展而已，它應該被放大成是一場「夏日嘉年華盛會」，且如果我們在台灣舉辦得成功，當集英社接下來在東南亞、歐美各國進行長達一年的巡迴展時，這整套活動模式搞不好可以被複製，在未來成為常態化，當然部分也是要融入在地特色囉。

並且，它應該是一個台日文化交流的舞台。或許當下台灣漫畫界的主觀條件與客觀環境，與日本漫畫界有很大級數的落差，然而日本集英社是一個歷史悠久、且相當重視人才育成的出版集團，他們很樂意與台灣漫畫界進行交流及合作。因為這對他們而言，已超越純粹「生意」的層次，而是集團形象的再提升，與文化影響力的延伸擴展。同時，台灣官方也希望邀請集英社來台灣開設分公司，培養出更多台灣漫畫家。

在這樣的思維之下，一系列的活動規劃於焉展開，包括：AR、VR現場體驗、Cosplay（由角色扮演衍生出一百種愛的形式）、公益書屋（讓更多弱勢族群得以參與）、同時間最多人合跳Idol這首歌（創造新的金氏紀錄），甚至台日漫畫交流的相關研討會等等，讓有興趣的民眾可以各種不同的方式、更多重的選項參與其中。

總而言之，我們希望不僅是花錢買票進去看展的人有所得，甚至連沒買票的人們也有活動可以參與，希望藉此將漫畫展的影響力極大化，這便是我們活動最終的目的。

舉日本集英社這個世界巡迴展的合作案例，就是想要說明，無論你眼前面對的是什麼樣的專案，不要傻傻的一味埋頭苦幹，還是要抬起頭來，研究並思考市場中是否存在其他可能性及機會，並盤點一下自己口袋裡有哪些資源可以進行整合，併入計畫，看看有無可能再將案子的層次拉高或格局放大，讓一個案子可以創造出更大的價值、更高的獲利，或者更加深遠的影響力。

7

永遠比別人早一步做盡職調查

當你想要跨入陌生領域

商界朋友常覺得我不但人面廣闊，且思考深入。其實，我這種凡事反覆推敲琢磨的思考能力，可說被我那只跟日本人打交道、縱橫商場四十年的董事長爸爸磨練出來的。此外，就是我有一個永遠比別人早一步做盡職調查的習慣，讓我無論動得多快，但思考永遠先於行動。

當台灣的科技半導體龍頭台積電宣布要在日本熊本縣設廠之後，台日之間無論是民間、企業或公部門，都全員動起來，看準未來的商機無限，沒有人想要置身事外。基於我長期以來與日本之間深厚的互動與情誼，在因緣際會下也受到日本政府方的信賴，被日方幾位頗具分量的政商巨頭委以重任，積極協助向台灣招商事宜。

所謂「招商」，不是招幾家台灣廠商過去開店而已，而是創建一整個「新市鎮」的概念，將台灣大大小小的企業一起「揪眾」過去作戰，才能打造更大格局的戰場，獲取更長遠宏大的共榮商機及公眾利益。

而「揪眾」，一開始當然就是要先揪出「大頭」；一旦成功揪到具有號召力的大企業去當地發展，還怕其他中小型企業不大手牽小手、爭相入駐嗎？

從日本政府的立場，自然也是希望能夠吸引大型企業入駐。由於一位目前已經隱退的台灣大廠大老的指導，讓我心生靈感：或許可以從這家大廠著手。

仿照企業的盡職調查先行

這家大廠長期以來以代工為主，在全球擁有廣泛的製造基地，涵蓋亞洲、美洲與歐洲。他們在亞洲的中國、印度及越南等國都有廠區，但是目前在日本除了併購一家企業之外，投資相對是少的，在我來看，就是還有很大的投資空間。

畢竟，「有土斯有財」，對於企業來說何嘗不是？投資土地是穩賺不賠的事，因此我朝向幫它規劃一個園區的方向去走；從園區面積來看，約有六個高爾夫球場那麼大。

但對於這個產業來說，我是一個完全的門外漢，而且，現任的CEO據我了解有相當完整的日本經驗，他對於日本的大環境及企業生態非常熟悉，如果我要提案，絕對輕忽不得。

切記，想要跨入自己原本不熟悉的領域，合作前一定要做好ＤＤ的功課，也就是盡職調查（Due Diligence，簡稱ＤＤ）。這是企業在進行商業併購或投資時，為了全面了解目標公司的狀況及評估潛在風險而進行的一項重要過程。我事前花了很多時間研究這家企業的經營模式、財務報表及投資狀況（透過網站公開資訊及相關報導），這些工夫一樣都省不了，才有機會尋思可能切入的角度。

最後，再根據我對於日本社會的長期觀察，我對這家企業提出了「發展輕電動車」的建議。

目前日本的純電動車（ＢＥＶ）市佔率仍偏低，二〇二三年僅約二％，但整體電動車市場正快速擴張。預估二〇二五年市場規模將達四百七十億美元，並於二〇二九年成長至九百四十五億美元，年均成長率達十九％。政府的補貼政策、環保意識提升與都市化發展，皆為推動因素。

所謂的「輕電動車」，我大概把它定義在充飽電一次可以跑二百公里以內的車。現在 Tesla 等電動車廠都追求充電一次可跑五百、七百公里，但是對於許多日本人來說根本就不需要，許多阿公、阿嬤其實只是需要開車去鄰近買買菜而已，他一輩子可能都只在極小的區域內活動。據預估，日本國內未來有二千七百萬台輕電動車的市場潛力。

台灣有很多企業想要發展電動車、想要跟國際大廠一拚高下、想要稱霸全世界……這樣都很好，但現實上想要在「紅海」市場殺出一條血路，殊屬不易。

因此，我建議他們在日本發展輕電動車的市場，光是幫日本車廠代工製作類似麵包車的這種小型電動車，其實就足夠賺錢了。因為短距離的移動，才會是大家日常生活中最常做的事情，充飽電一次跑二百公里，對日本一般家庭及個人的通勤與日常活動來說，已經相當夠用了。

而輕電動車具有以下優勢：車體小，適合城市密集區域使用；能源效率高、排碳量低；適合高齡化社會的日常代步；擁有成本與養護費較低。這些優點，都非常適合於它在日本社會發展。

再者，日本政府正積極推動家庭安裝太陽能板，以實現二〇三〇年可再生能源佔比三六至三八％的目標。東京都議會於二〇二二年十二月通過法案，規定自二〇二五年四月起，特定新建住宅必須安裝太陽能板，旨在協助東京都在二〇三〇年前將溫室氣體排放量比二〇〇〇年減少五十％。當自家裝設了太陽能板，開輕電動車等於每天回家自己充電就好。

既是門外漢，提案更需異軍突起

總之，我的思維邏輯是，不一定要去跟 Tesla 這些大廠搶奪紅海，在日本發展輕電動車這塊「藍海」市場，可能反而更有機會。

讀者可能會想問，這樣的洞見，他們企業內的能人賢士、高階主管會看不見嗎？我的看法是，這就是我們身為「外人」的好處。正是因為人不在局中，有些事情反而看得比較清楚。作為企業內部的員工，有時思維及創意可能受限於企業既定的框架或不同階級的發言權，許多事，要不是無暇去想、就是想過了也未必會說出來，總之往往帶有當局者的「盲點」。

反倒是我們這種局外人，在天馬行空的想像加上觀察及相關數據的佐證之後，說不定反而產生出一些出人意表的創見及計畫。

既是門外漢，提案更需異軍突起，不要去提一些人家早就想過、或是看起來理所當然的意見，那些事情對方比你更懂，就不勞你告訴他了。

我的第二個提案，就是為這家企業規劃新的物流。

它們的物流事業原本就很強，光是服務集團旗下子公司，一年就可以創造二千億日元的營業額。自己做物流，對外接單出貨便完全不受制於其他外部的物流公司，還可以省下龐大的物流費用，是相當有頭腦的作法。而我想要說服他們，熊本縣就非常適合讓他們發展新的物流事業。

當然，日本政府的各項支持及資源必須到位，包括稅收及土地取得的各種優惠等等。這些內容，也都包含在我不到十頁的簡報內容中。

簡報的威力，不在於頁數

我的簡報內容雖然都經過千錘百鍊，但呈現多不到十頁。這樣它會顯得簡陋、不隆重、不嚴謹嗎？不會的！

企業簡報的內容應言之有物、切中要點、有憑有據，但是不需要厚厚一疊。現代人的時間寶貴，大老闆真的沒有那麼多時間閱讀太厚重的資訊。

我個人的經驗是，與對方會談前，就先提交這十頁不到的簡報。如果對方看過簡報後跟你約了兩個小時的會談時間，代表他對這個提案頗有興趣，屆時你有兩個小時的時間可以長篇大論地發揮；但如果他只跟你約了半個小時的會晤時間，那代表對方對此案可能興趣缺缺，你最好另作打算，免得屆時白費唇舌……。

很多朋友看我常同時間在進行多個案子，懷疑我哪來這麼多時間？其實我覺得每個人的時間都同樣有限，工作之外還得花時間經營家庭、陪伴家人。因此，重點是在工作中要時時掌握好該努力的方向、以及抓重點去做，思考如何把力氣用在正確的地方，不是瞎忙、窮忙，這樣才能掌握更好的人生品質！

CHAPTER

4

關於品牌經營，最關鍵的1%是？

1

非一線品牌如何出線？

養粉思維

按摩椅這項產品，是由日本人發明的。據知最早的自動按摩椅誕生於一九五四年，如今，日本已成為按摩椅最大的消費國，有些調查指出，超過二十％的日本家庭擁有按摩椅，它在日本堪稱是非常成熟的商品。

在按摩椅市場前有老大哥，當我執掌按摩椅的行銷重責時，要如何殺出一條自己的路？其中一個重要的思維，就是「培養粉絲」的概念。

首先，讓我們來小小了解一下按摩椅的市場。按摩椅的定位，並非我們日常生活的必需品，而是一種「奢侈品」，但其實按摩椅之於健康，他就是家庭必需品之於冰箱一樣。人們渴望買房、買車，追求更美好的生活品質；雖然有時你可能不見得買得起房子，但你至少可以為自己買一個按摩椅，慰勞一下長期為你打拚事業、養家活口的疲憊身軀，或是安頓、陪伴自己在多年職場征戰中傷痕累累的身、心、靈……。

按摩椅的市場定位如此，無怪乎世界越混亂、大環境的挑戰越嚴峻，各類媒體上的按摩椅廣告就打得越兇，廠商不斷砸錢提醒消費者：「買套按摩椅來疼愛、照顧一下辛苦的自己吧！」

如何思考品牌代言人？

但是，說到按摩椅廣告，就不得不提到二〇一〇年劉德華擔任代言人所推出的「天王椅」。正因為這個廣告當年太過深植人心，且劉德華的天王魅力確實無人能擋，使得之後台灣的按摩椅廣告真的群起效尤，幾乎每款新產品推出都非得綁代言人不可，變成了「拚代言人」的市場大戰，這也算是台灣市場的獨有現象。

回到劉德華，首先，當已有品牌找了劉德華來代言，試問還有哪位藝人的等級可以超越劉德華？而且，劉德華的個人形象幾乎是「零負評」，簡言之，就算你沒有很喜歡他，大概也不至於討厭他。這樣「零負評」、「全方位被喜愛」的藝人，放眼演藝圈，還真的不多。

那如何拚出另一片天呢？試試「打群架」，運用「車輪戰」迎敵。也因此，邀請過許多知名藝人、歌星、藝界大老擔任代言，平均每隔兩年就更換一次。而行銷策略，就是集結每個人的「個人流量」匯聚為公司品牌的「總體流量」。

此外，每位藝人各自擁有不同面向的粉絲及受眾，希望透過不一樣的代言人，能夠打進更多面向的消費族群。

如此一來，才有機會與市場其他品牌分庭抗禮，或者成為消費者也願意考慮的選項。

非領導品牌更需具備養粉思維

非第一品牌，要如何殺出市場？這其中還有一個重要的行銷思維，就是「培養粉絲」。

走高端路線的一線品牌，可以不必在意年輕消費者，就好比精品界的高端品牌 Hermes 或 Chanel，他們本來就沒有打算要銷售給普通的年輕女孩。

但是，非一線品牌的行銷策略則必須更加靈活，向下扎根，同時往年輕族群靠攏。這就是「養粉」的概念。因為年輕人來日方長，他們在未來是會成長的，今天可能只花得起小錢，但明天他可能就花得了大錢。因此，一個品牌必須趁他年輕（還沒有特定的品牌喜好）時就打進他的心裡，滲透進他的日常生活。如此，這品牌未來可能可以陪伴他很長的時間。

出於這樣的策略，相對應的行銷作為及產品線的規劃，自然都要有所不同。

例如，找比較年輕的天后、影后藝人擔任代言，就是為了吸引年輕族群的目光，爭取年輕人的認同。

想要搶攻年輕市場，就得考量產品價格，所以推出各種價格較低且容易入手的小產品，例如：足部按摩器、手部按摩器或肩頸按摩器。當顧客使用得很順手，一試成主顧，沒多久又可以再進階購買其他產品……。

此外，為什麼按摩椅可以、並且需要「養粉」呢？試想想，一般家用電器有很多種，包括冰箱、洗衣機、烤箱、微波爐、冷氣、電視都是。但是，以上這些電器一買都可以使用多年，汰換率偏低。唯獨按摩器這種產品，當消費者買了眼部按摩器以後，之後可能還會想再買頭皮按摩機；買了揉搓美腿機之後，之後可能還會想再買肩頸放鬆按摩器、揉捶按摩枕、或是筋膜按摩槍等等產品。

按摩椅周邊產品的消費行為很容易長期持續，因此砸錢下去養粉，是相當值得經營的行銷作為。

總之，「品牌忠誠度」是評估品牌經營成效的關鍵指標之一，成功的品牌必定會有一群忠實粉絲支持著。這些品牌鐵粉，不僅能為品牌帶來持續的收益，還可能主動推廣，提升品牌知名度和曝光的機會。

如果你是後起的品牌，品牌知名度及市場占有率與第一品牌相較，難望其項背，那麼你更加需要考慮向下扎根，從年輕族群著手培養粉絲。因為那裡，正是競爭對手的弱點、或它所看輕的戰場，也正是你們品牌的最佳切入點及市場利基所在。至於養粉的具體know-how（訣竅），後續文章將會談得更多更深入。

2

外國的月亮比較圓嗎？有時也可「挾洋自重」

建立品牌價值

品牌價值的核心來自於消費者的認知，但是品牌價值是什麼呢？品牌價值是企業文化、客戶和粉絲群體的重要指導信念，有助於引導企業在故事講述、未來決策等方面取得成功。成功的品牌價值具有鮮明、令人難忘的品牌記憶點，能反映這個品牌的思維和運作方式。品牌的核心價值有助於客戶和團隊成員理解品牌如何實現其價值觀，以及如何創造出有價值的實體產品。

然而，建立自我品牌價值時，許多人都會面對同一個問題：我要自我「定位」或「包裝」成是哪一國的產品？說來這也是沒辦法的事，畢竟在一般消費者的心目中，對於每個國家就是有既定的印象或成見，例如「台灣製造品質可靠」、「法國人時尚品味一流」、「日本電器一級棒」等等，這些印象根深柢固、長期存在人們心中，使得某些品牌有時必須刻意自我包裝成另外一個國家的品牌或是「挾洋自重」，以提升消費者的好感度。

所以，你有時會看見，某些台灣精品品牌選擇先進軍歐美國家，或是先在海外拿到相關國際大獎之後，再「衣錦還鄉」，回攻本土市場。通常這一招消費者都很買單，因為台灣人也有崇尚歐美的傾向啊，尤其是在偏向於品味的奢侈品項目，例如巧克力、威士忌、高級家具等等。

因此，所謂「文化因素」，在建立品牌價值時是必須考慮進去的一%，尤其是在經營海外市場時更是如此。而想要了解海外市場的文化影響力，當然是要先深入觀察當地的日常生活及消費者面貌。

進軍日本健康器材市場，先設法墊高品牌價值

同樣的，當台灣的健康器材品牌想要揮軍日本市場時，自然不能不先研究及了解日本的市場。

電動按摩椅最早就是由日本人所發明的，在日本起碼已經有六十多年歷史。日本的按摩椅品牌眾多，前三大龍頭品牌也已經有很高的市占率，但這些年來由於市場漸趨成熟，整體市場陷入惡性削價競爭的狀態。

想要進入日本市場，如果直接加入這場混戰，實在不利。一來新品牌市場知名度低，二來若加入削價競爭，最後根本無利可圖。所以，我設定主力戰場在日本的電視購物通路。但是，若要讓產品在電視購物賣得動，我們必須為這產品在外圍加上很多分數。

建立品牌的「價值感」很重要，其中一個作法是，把健康器材產品推進日本的「蔦屋家電」販售。蔦屋家電在日本人心目中是象徵高級、精緻生活的代表性通路，而我們的商品在日本市場也是訴求精緻，這就是墊高品牌價值的作法之一。

進入蔦屋家電為我們帶來更多機會，大約半年後，駐日美軍基地的採購人員在蔦屋家電看到我們的商品，便跟我們洽談是否進駐美軍基地的大賣場。

他們之所以考慮我們的商品，除了肯定品質外，由於我們的經銷網擴及歐美及東南亞國家，若兩年後他們移駐其他國家，屆時後勤維修會比較方便。

這個機會對我們極為重要！美軍基地是這樣的，基地內有大賣場，所有美軍主要都在這個賣場內添購日常用品，而賣場裡的每一種品項，基本上只進一家廠商的貨……。因此，美軍基地內將近四萬駐軍，都成了我們的潛在客戶。

而更加重要的一點則是，日本消費者是相當崇尚美國的，美國的種種就代表著美好。當你的商品賣進美軍基地，也等於賣進了日本消費者的心坎裡，「美軍基地指定使用」，成為我們商品在電視購物通路的最佳宣傳口號。

了解海外市場的文化差異，才能做對事

為了打進日本市場，我真的煞費苦心。雖然台灣人與日本人都愛使用電動按摩椅，但仔細研究下去，台日之間又存在著若干差異。

例如，日本人的居住空間普遍比台灣人的小，因此，我們有必要特別開發更加適合日本小家庭的按摩椅。這種細微的差異，通常來自於你對於當地市場

的細膩觀察，不是偶爾去日本的外地人可以察覺到的。

二〇一八年，公司積極研發出符合日本小房子的小型按摩椅，將大型按摩椅的按摩機芯成功研發植入小沙發中，如此才打開了日本的市場。此外按摩椅的外型也必需相對調整，要讓它「實際很小，但是看起來很大」，譬如從椅子的顏色上著手，外層白、裡層為黑色，透過色彩學讓小沙發看起來比較大等等。

此外，台灣人喜歡將按摩椅放在客廳，一來是出於可以邊看電視、邊按摩的生活習慣，二來是按摩椅屬高價精品，放在客廳容易讓來家中作客的客人看見，可以「炫耀」一下。台灣人喜愛的按摩椅花樣眾多，什麼「泰式」、「越式」、「元氣」……功能選項一大堆。

但日本人不然，日本人的按摩椅功能大概只分為「遠心」及「近心」。早晨起床時按摩，首重精神提振，所以按摩的功能是要將血液帶離心臟，是為「遠心」；夜晚入睡前按摩，首重舒緩放鬆，所以按摩的功能是要將血液帶回心臟，是為「近心」。所以，日本人的按摩椅一般都不是放在客廳的，而是以放在臥室為主，便於起床後及睡前使用。

了解了日本的按摩椅文化，在產品研發設計及行銷推廣上，都必須把這些文化因素考慮進去。就像前面的文章曾提到，我們跟位於大阪的萬豪系列酒店洽談贊助按摩椅時，除了看中對方的國際形象（也是切中日本消費者的崇洋心態），有助於提升品牌價值；另一方面，我們也一定要順應日本當地的文化，想方設法，務必把按摩椅很優雅的「塞進」酒店套房的臥室之內，因為這就是人家的按摩文化啊！

3

品牌長如同掌管品牌的三軍統帥

管好陸海空三軍

近年來，台灣越來越多企業設有所謂的「品牌長」。我個人認為品牌長的角色在一家公司確實重要，他就好比掌管品牌的「三軍統帥」，若能同時管好「陸、海、空」三軍，自然可以打響自家品牌，打贏行銷戰！

所謂「品牌長」（Chief Brand Officer, CBO），是企業、組織中專門負責品牌管理事務、具決策權責的高階管理人員。我認為通常擔任此一職務者，須得到同一企業或組織中的最高決策者同意，而開展公司的品牌策略及相關管理事務。「品牌長」是企業內一個比較新定的高級管理職務，他們必須經由宣導一個或多個品牌的形象、經驗和承諾，以便於綜合多項元素之後，讓品牌權益與企業形象結合或一致。

因此，他們必須具備前瞻的眼光，並有效統合企業內的行銷、廣告、設計、公共關係和顧客服務事務或部門的業務。近期以來，品牌權益的內涵與形成，被視為是品牌長最重要的職責。

而以我個人的實戰經驗來看，品牌長就是掌管品牌的「三軍統帥」。然而「陸、海、空」三軍指的是什麼呢？「陸軍」指的是街邊行銷，「海軍」指的是海外認證，「空軍」是社群行銷，而一般「限量提供」、「快閃」、「限定期間」的各種突發性的活動及事件，我們可以把它比擬為「海軍陸戰隊」。

舉例來說，前篇文章提到將按摩椅送進日本萬豪系列酒店，或是推進日本蔦屋家電通路販售，以及爭取女團為全家便利商店的甜點代言等等，這些行銷作為打的都是「陸軍」；將按摩椅談進駐防日本的美軍基地，讓按摩椅從此打上「美國人認可」的旗號，或是集團旗下餐廳引進現在海外餐飲界正當紅的墨西哥捲餅來販售，這些行銷打的都是「海軍」；至於平時大家在社群上常運用的「口碑行銷」或是所謂「帶風向」，透過影響輿論意見來帶動產品的銷量，就是屬於「空軍」的範疇了。

攻海外市場，同樣先備好三軍

因為我長期往返於台灣與日本之間，與日本淵源深，許多台灣品牌想要進軍日本時，時常找我擔任顧問，希望我提供對於日本市場的觀察及行銷的建議。

根據我的觀察，有的台灣品牌在日本的「海軍」及「空軍」都已齊備，但獨缺「陸軍」。

譬如有一家台灣知名的爆米花品牌，他們在重要的社群媒體都已投放了廣告，「空軍」齊備；在台灣也銷售得很好，有海外銷售實績，「海軍」齊備。這時，我就建議他們增強「陸軍」，我們選定了在東京車站舉辦幾天的路邊試吃活動，並拍下路人的反應及回饋，作為行銷及宣傳的素材。

為什麼要這麼做呢？就是告訴消費者：「你已經從網路上知道這個品牌的爆米花了，也知道它在台灣賣得超好；不僅是如此，日本一般民眾吃過也說好吃喔！請看我們的實地驗證。」

這種街邊行銷不必做多，挑選幾個重要地標即可（例如東京車站）。重點是你拍到了路人喜歡吃它，這樣就足以作為你在日本參加大小商展的素材了，可以吸引更多廠商的青睞，與你進行商業合作。

依個人觀察，許多台商在海外往往有這樣的盲點，就是真的相信所謂的「一卡皮箱走天下」。台灣人赴海外開拓市場，最主要的作法就是勇闖商展，以前的台灣人「一卡皮箱走天下」，說白了就是只了解自己的產品，其他什麼都沒準備，憑著一股傻勁兒跟外國人介紹自己的產品，最後收集到一堆名片，等到展覽過後再來一個一個打電話……。

但是說真的，時代已經不一樣了，若再以這樣的思維及作法，也無怪乎海外商展參加一堆，卻總是無功而返了。在商展上人來人往，參展商品多到令人目不暇給，每位客戶停留在你攤位前的時間至多五分鐘，誰理你細說從頭、滔滔不絕的推介自家產品呀！重點是，你必須要在極短暫的目光停留時間，向外人展示你們品牌的「陸、海、空」三軍，包括相關的數據、素材及照片等等。

戰場不在展覽後，而是必須決戰於展覽中。問題是，你的「三軍」都備齊了嗎？

網路時代，優先掌握意見領袖走向

至於「空軍」部分，因為我們集團旗下有餐廳，我想特別強調 Google 評價的重要性及管理。尤其我們經營的餐廳多以年輕族群為主（年輕族群比較肯花錢），他們搜尋餐廳多會參考 Google 的評價，因此成為兵家必爭之地。

大家都知道，Google 的評價具有公信力。而管理 Google 評價必須自兩處著手，一是員工的認知，二是客人的實際體驗及感受。

在員工認知部分，就是以獎金制度來管理。當一家店的 Google 評價低於四．

八時，代表大家的獎金會減少；如果突然冒出一星或二星的評價，那麼店長必須繳交報告，並立馬改進。總而言之，就是透過明確的制度管理，讓員工理解公司重視 Google 的評價。

至於顧客管理的學問就更多了，首先，針對最容易產生客訴的問題，要先打預防針。例如，賣蛤蠣就很難避免蛤蠣有沙子，所以，只要客人發現蛤蠣裡面含有沙子，不囉嗦，我們馬上換一鍋新的火鍋給客人。通常這樣做客人都能買單，反而給出好的評價。

其次，留意客人最在意的地方，可能是在廁所與餐桌邊的服務，那麼這兩處的服務品質就得特別顧好。

請客人留好評，絕對不能說「你留五星好評，那我送你 XXX」，這樣客人可能在網路上批評你「買評價」，適得其反，但是你可以各種方式「暗示」他留下「五星」評價。

譬如，在餐廳宣傳的ＤＭ上、或廁所明顯的牆面上特別強調「五顆星」的圖示，讓客人直覺上以「五顆星」作為優先的選項。又譬如，用餐前服務人員就在桌邊提供「若您願意給予指教，我們免費請你ＸＸＸ」的活動訊息，只要免費贈送的商品是客人所愛，基於「吃人嘴軟」的互惠原則及心理學，客人多半都會給予不錯的評價。

此刻，若客人態度猶豫，服務人員要敏於察覺並立刻詢問，看客人究竟是對餐廳哪個部分不滿意，立即設法解決客人的疑慮。

總之，「空軍」的重要性在網路時代已是不言而喻。像是現在經營女團，針對重要媒體如 YouTube 及台灣社群網站 Dcard 等，我們每天分三班制，二十四小時都有專人盯著上面的動態，以相關關鍵字去搜尋可能與我們有關的一切發言。只要上面出現對我們不利、或方向「歪掉」的言論，我們就得立馬反應，趕快派人上去貼「平衡性」的發言，把「風向」引導至我們所要的結果。

因為很多網友可能是晚上十一點才開始上網留言，所以「空軍」的打仗可是不分晝夜、需要二十四小時 stand-by 的，遇有臨時的「空襲警報」，三個小時之內就必須「驅離敵機」，否則一切就來不及了。

4

從西方企業的造神現象看東方

打造品牌代言人

在過往的時代，你會因為對於某品牌的產品品質有信心，或是覺得某品牌社會形象良好，因而喜歡選購其產品；然而，在這個人品牌當道的年代，有時候，你是因為認同或欣賞與品牌相關的某個人物，因而樂於掏出你的錢買單該品牌的產品。

沒錯，這是一個連企業都忙於「造神」的時代，因為一般社會大眾的消費心態，已經並非趨向於理性，反之是出於「感性消費」。推出新產品時要先找代言人，是其中一種作法，便是讓消費者將他們對於某項產品的印象，與這代言人背後所代表的人格特質及形象連結在一起，然後，因為喜愛這個代言人而進行消費。

除了明星或名人等產品代言人，最能為一個品牌長期加分的，便是其創辦人或主要經理人自身對外的形象。無怪乎，現在許多企業都選擇如此造神了。

西方企業帶頭造神

個人認為，企業的造神現象應該是始自當代的歐美企業，因為無論是日本企業或台灣企業，過往真的很少將光環歸於創辦人或CEO的身上。而歐美社會中最最典型、具代表性的「神」，應該就屬蘋果公司的創辦人史帝夫．賈伯斯（Steve Jobs）了。

二〇一五年上映的賈伯斯傳記電影《史帝夫．賈伯斯》的前幾分鐘，影片開始於一段發明家亞瑟・克拉克（Arthur C. Clarke）預言個人電腦將崛起的採訪。電影將科技發展比喻為進化的力量，宛如巨大的石碑，人類在其中跟隨在這股巨大力量之後。賈伯斯在片中被暗喻為科技發展元素的侍女，透過「神諭」發明了麥金塔、iMac、iPod 和 iPhone。

iPhone 是不是賈伯斯「發明」的？不重要！重要的是，賈伯斯在世時，每當蘋果要推出新的產品問世，你會發現，媒體或世人對於發表會的關注，可能不在於新產品的功能或技術面有了什麼偉大的創新，反而是在於賈伯斯個人魅力的展現，關於他怎麼穿著、說了什麼充滿感染力的話語，或是做出了什麼出人意表的 demo（展示）或簡報……。

總而言之，「賈伯斯出品，消費者有信心」，iPhone 再貴也是要買下去啦。然而也不難想見，當神離開了這世界，後續再承接他的企業領導人、現任 Apple

CEO的提姆・庫克（Tim Cook），若是想要延續賈伯斯昔日的神話或光環，就顯得格外吃力，並且會不斷被人拿來比較。

Tesla的CEO伊隆・馬斯克（Elon Musk）是另外一位歐美企業的「神」之代表。他的個性與成長背景造就了外界認知為「瘋狂」的馬斯克，當然也不乏一些他隨口在公開場合或社交平台上的經典金句。馬斯克最知名的「形象」，就是他是一個工作狂，在深夜發信、焚膏繼晷地閱讀與研究。他不用任何時間管理的工具，更沒有空出時間來學習如何更高效的工作，而是一直繼續工作，邊做邊學。

想像力直衝宇宙的瘋狂天才馬斯克，在商場上呼風喚雨，「喊水會結凍」，股民終日追隨他的發言殺進殺出。他創立或經營許多知名公司，例如：Tesla、Zip2、X.com和PayPal、SpaceX、SolarCity、The Boring Company、Neuralink以及近年買下的 Twitter 等。對於許多他的崇拜者來說，大家之所以相信與他有關聯的這些公司，都是因為馬斯克的個人魅力。

再以近期來說，台灣人最熟知的人物案例，則首推輝達的創辦人兼 CEO 黃仁勳了。輝達的 AI 產品項目一般人所知有限，但網路及媒體瘋傳的都是創辦人黃仁勳的家世、成長過程及發跡歷程等等，社會大眾最關心的，是黃仁勳穿的黑色皮衣是哪個牌子，以及他最愛光顧的夜市美食等等；股民投資輝達的股票，投資的也是黃仁勳這個人。

台灣跟緊，創辦人變身企業最佳代言人

感受到西方商界這種新的造神風潮，使得東方的企業近年來也開始逐漸有這樣的意識了。但是這種品牌經營模式，突然要放在傳統產業或是老牌的企業

身上，實行上會有些困難。倒是對於一些比較年輕的新創企業或科技公司來說，很明顯的可以看到，他們有時會刻意的去經營創辦人或CEO的個人品牌形象，讓創辦人或CEO直接變身為企業的「最佳代言人」。

日本是電動按摩椅的始祖國家，數十年來發展成熟，市場早已被幾大龍頭品牌寡占，剩下的市場空間就是淪為各品牌削價競爭的低價市場。作為競爭市場的新選手，若是跟著進入低價、比價市場，肯定是利潤微薄、窒礙難行。因此，必須研發高價產品，競逐高端市場。

日本人注重品牌，一個本土台灣牌子要賣給日本人，需要面臨重重考驗。深知日本人的品牌迷思，我擬定策略，在日本重新打造品牌，過去在全球三十五個國家銷售的按摩椅，在日本搖身一變成了「精品健康器材品牌」，用這個形象深耕日本。如果成功，就可以更上一層樓，擴展到全球更多國家。

但是，要如何墊高品牌的價值呢？我們心裡明白，我們的商品很棒，但是要說在功能或品質上能夠「明顯高於」日本的各大知名品牌，或是做出顯著的市場區隔，殊屬不易。因此，既然比產品比不出明顯的差異，我們必須另闢蹊徑，打個人品牌的媒體戰，為品牌加分。

我成為帶著按摩椅勇闖東瀛的台灣人社長

二〇一八年，台灣公司研發符合日本小房子的小型按摩椅，將大型按摩椅的按摩機芯成功植入小沙發中，成功打開日本市場。同年，新開發的按摩椅被日本經濟週刊《B.S.TIMES》稱為「能夠按摩到心底的按摩椅」。

二〇二〇年，我加入日本東京台灣商工會；八月，與事業夥伴共同研發「FITNESS MIRROR」。推出結合全身鏡與觸控螢幕的健身鏡（fitness mirror），請來熱門教練及知名選手親自指導的線上課程，讓使用者能同時清楚看見教練和自己的動作來比對，隨時調整姿勢，帶起一股「宅運動」風潮。同年，我也成為 KENJA GLOBAL 第一位介紹的台灣人社長。

二〇二一年，我企劃的按摩椅首次進入日本的電視購物戰場，創下十八秒賣出一台按摩椅的成績。同年，獲得第一屆海外台商精品金質獎。

說了這麼多，我想強調的是，在這數年間日本媒體及電視的高密度專訪及報導中，我總是不斷反覆地形塑「台灣人社長」的定位。而相關報導除了凸顯按摩椅的行銷成績，更是大篇幅地著墨在創辦人的成長奮鬥故事，以及集團研發「能夠按摩到心底的按摩椅」的初衷。

這樣的個人品牌建構，絕非偶然，而是品牌行銷策略就是如此，以凸顯個人特質帶入品牌精神。比較起日本傳統品牌，我們擁有另一種優勢，就是他們的品牌故事已經深入日本人的心裡，因此無法重寫，但是我們可以，想要怎麼定義、詮釋新品牌，就怎麼說故事！

5

把競爭對手變為朋友

粉絲互換

依據商場上的思維，過往可能是與你的競爭對手壁壘分明，致力於把對方打到趴為止；然而現在這個時代不一樣了，改換一種作法，你可以將競爭對手變為朋友，強強聯手，為雙方都帶來品牌上的加乘作用。

怎麼說呢？就拿集團旗下的餐飲事業來說，我們就常常與我在社團或聚會中認識的同產業對手相互合作，大家共同推出聯名商品，相互拉抬聲勢，擴大打擊面。

這時代行銷工具及手法越加多樣化，不必再故步自封，覺得只有自家的產品才是最棒的。有時，跳脫思考的瓶頸，結合他人的資源及力量，反而可收品牌相輔相成、互相加乘的行銷效果。可預見在未來，不同產業之間的聯名合作與同產業之間的聯合合作，應該都會越來越多！

聯名合作必立基於各蒙其利

當然，同一產業內想要將對手變成朋友，必須具備一些合作的條件。

首先，自然是要慎選合作夥伴，信守承諾、商譽良好、產品具水準，這些都是必要的條件。另外更重要的一點是，雙方最好「門當戶對」，這樣才能雙方都得到好處，然後資源能相互補足，追求共好。

舉例來說，一家港式點心原本的行銷重心在店面，但我們的海鮮餐廳的數位行銷比較強，因此，透過聯合商品的宣傳，可以讓進入店面的消費者認識到我們的餐廳，又可以讓更多網友透過社群媒體知道港式點心這個品牌。對於我們雙方來說，等於是互換粉絲，擴大彼此的粉絲數量，最後達到「變現」的效果。

再舉一例，一家地區型的精緻餐廳與我們的海鮮餐廳特別聯名製作「限定款」雞湯。從精緻餐廳的角度來看，借助我們品牌的名聲，可能吸引我們原本的客人就近享用雞湯，等於是吸收了我們的客人，開發了新的客層。

對於我們來說，借助精緻餐廳的店面，讓我們的雞湯得以推廣進入我們尚未進入的區域，何嘗不是開發了新的市場可能性？

總之，聯名合作一定是立基於雙方都能得到好處，為品牌加分。其中有一些要考慮的細節，譬如產品不要重複，聯名商品一定要是「特別製作」的「限定款」，才不會打到自家原本的產品；此外就是原本的客層或區域不要重疊，像是前述地區型餐廳的客層跟我們海鮮餐廳的客層幾乎很少重疊，這批客人如果在地區型餐廳對我們餐廳的雞湯留下美好印象，那麼說不定在週末的休閒時段，就會光顧我們餐廳，嘗嘗其他菜色。

即使沒成功，也能學到經驗

聯名合作也是有「不太成功」的案例，像是曾有某一家遊戲廠商來與我投資的餐廳洽談合作，雙方合作約計一個月，特別將整間店內布置成遊戲的場景及空間，希望提供遊戲玩家一個更具臨場感的深度用餐體驗。

這樣的合作，本意是極佳，遊戲廠商希望帶給玩家更加多元的體驗及美好回憶，讓玩家們更加熱愛這款遊戲，增加黏著度；對於店家來說，自然也是希望藉此吸引到更多新的客層。

但是，後來效果並不理想。這家遊戲廠商往年是與「錢X涮涮鍋」合作，今次改與我們合作，我們發現，遊戲玩家們雖然掏錢買寶物絲毫不手軟，但是對於用餐的預算卻未必高；因此，若花錢吃個三、五百元的小火鍋，OK！但是花上千元吃一個蛤蠣鍋？有障礙！此外，玩家如果是去「錢X」吃一個人的小火鍋，比較沒有壓力；然而，若玩家之間的聚會，要湊到四個人來共同享用一頓蛤蠣鍋，相較起來似乎就困難許多。

結果，對於遊戲廠商來說，玩家光顧的人數不如預期，行銷就算不上是成功；對於我們來說，玩家們來到占據了店面的空間，多少排擠到其他客人的用餐機會，但是他們多半選擇最基本的低消費餐點，我們也沒有因此賺到錢。

無論事先經過多麼詳盡的規劃，始終有些事的結果是始料未及。然而，可以這麼說，無論是與其他產業或同產業之間的品牌合作，個人認為還是要勇於嘗試，發揮想像力，偶爾失敗也沒關係，至少我們可以獲得新的市場洞察及新的學習機會。

CHAPTER

5

多1%細節，走跳日本更加如魚得水

1

良好的第一印象
從遞名片開始

重視社交禮儀及時程

長年與日本人打交道，我累積了一些心得與領悟。觀察過不少生活周遭的台灣人，同時也協助過許多台灣企業進軍日本市場，我發現台灣及日本在職場文化及溝通上確實有相當多的差異。

而日本人尤其重視細節，有時關鍵就存在於一個極微小的、容易被忽略的細節，卻大大地影響了日本人對你的第一印象，甚至左右一場生意或合作案的成敗。

你知道如何遞名片嗎？

職場、商場上所有的初次會晤，通常都開始於互相遞交名片。日本人最重視禮儀，但是你知道日本人遞交名片時有什麼特殊的原則，才不至於失禮，並且能創造美好的第一印象嗎？

下次碰到日本人時，不妨仔細觀察看看，我們台灣人遞名片時就是以雙手恭敬奉上，但日本人不僅是如此，他們會將自己的名片平平的放在自己的名片夾上遞出去，以示尊重；當然，下面的名片夾本身最好也是外表體面整潔的。收到對方的名片後，例如收到三張，那麼他們會將最高階長官的名片放在自己的名片夾上，另外兩張則依對方的座位位置擺放在桌上。

台灣人常常沒有在使用名片夾，而是隨處擺放（例如外套口袋內、皮包裡層），然後隨便就掏了出來；拿了名片也忘記收好，任由名片四處散落，這樣對於日本人來說是相當不莊重的習慣。

會議前，拜訪者應該先自我介紹並掏出名片；會議結束後，他人的名片務必要收進名片夾。以上，都是屬於職場的基本禮儀。

有時會議的人數很多，彼此間有人熟識，有人則是初次見面。這時記得不要急著一直找熟識的人說話聊天，而把其他不相熟的人晾在一邊，應該讓大家先交換名片，互相認識，之後再展開談話。

在眾人的聚會中，可能首先花大約五分鐘暖場寒暄，尤其是要讓各方的長官們相互認識之後，才開始正式的會議。

拜訪客戶或推介自家產品之後，可能希望對方的公司認真考慮你家的產品或提案。這時，一般台灣人的措辭可能就是「希望您酌予考慮」之類的，但是日本人卻會用更加委婉懇切恭敬的措辭來表達：「ご検討いただければ幸いです。」（如果您能好好的考慮一下，那將是我們的榮幸！）這就是屬於日本式的禮貌。

你可能會想要問：拜訪的伴手禮要如何準備？通常日本人會準備日幣一千圓上下的伴手禮，因為日本人收了禮一定會回禮，為免造成對方的心理負擔，禮物的價位不必高，而是重在心意。

我舉個例子，有一個知名品牌「日本雪茄蛋捲」是許多名人、企業的送禮最愛，它的湛藍色鐵盒外表設計極簡低調，更重要的是，鐵盒上面連品牌的LOGO都沒有。這類型的禮盒拿來送給例如公務員最是受到歡迎，因為它的包裝足夠低調，讓收禮的人內心毫無負擔，不必介意收了什麼大禮、日後可能被懷疑圖利特定廠商之類的。

不要在時間上打模糊仗

日本人相當重視時間觀念，在職場或商場上與日本人互動，千萬不要忽略了這一點。

與人約會或拜訪人家的公司，倒也不是說越早到就越好，畢竟到得過早，結果人家還沒準備，卻必須匆忙接待你，也是失禮。我認為最理想的狀態，是提早到大約五至七分鐘，最為得宜。

但如果是遲到呢？建議就算是遲到一分鐘，也要道歉。台灣人有個習慣，跟人約會如果路上耽擱了，往往總等到離預定時間大約只差十至十五分鐘才告知對方，自己將晚到。這麼晚才通知對方，說了也等於沒說，因為別人其實也來不及做出任何其他的安排了。而日本人通常在出發前若預估可能遲到，便會在出發前就提早告知對方此一狀況，讓對方可以及早有所準備。

此外，日本人在職場上更加重視明確的時程及進度。比如，老闆丟給你一份企劃案需要完成，如果是台灣人，問他什麼時候交，可能得到的答案就是A.S.A.P（盡快），或是丟個deadline（最後期限）給你，總之就是一個比較含混、籠統的時間設定。日本人則不然，他們擅長做計畫，對於長期的計畫，則傾向於訂出詳盡的行事曆及進度規劃。

我再舉一個例子，例如向一家新客戶介紹公司的礦泉水產品，台灣人可能會強調這個礦泉水品質多好多好，然後在台灣賣得多好多好，以及它的售價多麼有市場競爭力等等；但日本人則會提供你更具體的時程線索，例如何時可賣出第一瓶？預計到第三年可以賣出多少瓶？然後會強調這項產品將能為對方帶來哪些好處，以及對方能夠從中賺到多少錢。

有產品的銷售時程，有預期的業績目標，甚至當地的市場調查也先幫你做好了，例如進駐百貨公司花車一整年的業績、或三天可賣出六百瓶礦泉水等數字，以具體的銷售數據作為佐證，讓你可以很快且務實地做出決策。

以前出國參加商展，台灣人總是「一卡皮箱走天下」（詳情請見前面章節），簡單來說，就是優秀產品都有帶，但是其他準備並不完備。而日本人的ＰＰＴ通常製作得極為完備，並且如我剛才所說的，重點不是在於強調你的產品有多麼優良，而是應該要更多著墨在你的產品可以為對方公司帶來什麼利益、創造多少業績，這才是對方企業真正關注之事。

若不能徹底改變自己的心態，你就算在商展展場收集到一百張名片，回國後也是發揮不了太多作用的。許多企業界的朋友常要找我幫忙拓展日本市場，以上便是我最中肯的建議之一，一定要用更加務實的態度與準備，以及符合日本人思維模式的溝通方法去跟他們談生意，才有成功的機會。

交際應酬有眉角

說到社交的重要性，與日本人的交際應酬有一些眉角需要留意。

聚餐時，主人先舉杯，眾人才能開動。跟大人物吃飯時，要盡量配合對方用餐的節奏，不要只是自顧自地埋頭狂吃，例如對方飲酒的速度很慢，那你也要放慢速度；如果人家已經都吃得差不多了，那你最好也趕緊結束用餐。

看到對方酒喝完時，要主動幫對方倒酒，之後對方也一定會回過來要幫你倒酒。這時如果你的酒杯還很滿，記得先喝一口，空出一些空間讓對方可以服務，這是一種社交禮儀。現場若有女性在場，通常女性必須是為大家服務倒第一杯酒的人。十幾人在日式榻榻米上用餐時，其中的女性會幫忙把大家脫在門外的鞋子擺放整齊（此為日本文化，並非性別歧視）。

還有像是跟大人物或長官打高爾夫球，即使自己很厲害，也不要贏對方；同理可知，在任何的競爭性活動中保持低調，不要搶走長官的風采或掩蓋了長官的鋒芒，這也是「會做人」的原則之一。

想想，去跟丈母娘打麻將你都會故意放槍了，到底為什麼跟老闆打球這麼想贏？

2

掌握日本商業模式及職場文化，談生意有一套

商場往來

日本人的職場文化及商業模式，與台灣人有諸多差異。這也是為什麼很多台灣人到日本工作或從商時，會需要花費一些時日去適應或理解，例如他們對於品質的要求，例如他們說話不是很直截了當，例如他們對於階級的重視等等，以下將分別與大家分享一下我的觀察及了解。

一、對於品質及細節高度要求

日本人對於品質及細節的高度要求，是他們在商場上的一項重要特色，也因此在國際間贏得蠻多的口碑及尊敬。即使這些年來

也有人針對「日本製造」質疑他們的品質下降了，但我認為他們這樣的基本精神在商場仍是處處可見。

這樣的細節及品質要求，絕非表現在產品上而已，包括商品的銷售模式或者是包裝等等，每一個環節都相當講究。

大家都常被日本商品的外包裝嚇到吧？一個小小的禮盒，可能左包一層、右包一層，無比精美。或許這樣的包裝不完全符合環保精神，但日本人通常相信「禮多人不怪」，任何禮節寧願失之繁複，總比失禮或有所疏漏好一些。

此外，不知你有無留意過日本商品的說明書？台灣商品附加的說明書，常常就是薄紙一張或甚至只是一個 QR Code，相當簡要，而且也很少人會去仔細閱讀；日本人則不然，日本產品的說明書常常厚得像是一本書，鉅細靡遺，而且日本人也習慣讀完整本說明書後才開始使用。

日本的產品也是如此重視說明書，說明書可不是聊備一格的，如果說明書沒有過，可能整個品檢就不能過關，產品也不能如期推出。因此，在日本做生意，請絕對不要忽略這一點。

我發現日本人真的蠻喜歡「厚厚一本」文字帶來的安全感，例如我們一般台灣人開會，可能開會用的資料只有五張Ａ４紙，還各自散落，但是日本人開會前可能各部門的ＰＰＴ資料早已全部裝訂成冊，還左右各留一公分，外加封面，弄得整整齊齊，預先擺放在每位與會者的桌上。

要有讀空氣的能力

可不是只有京都人喔，我感覺所有日本人基本上說話都婉轉迂迴，溝通表達上會採取比較間接的方式。

比如說日本人在商場上的拒絕，他們很少會直接跟你說「不」，而是採取一種更加委婉的方式來拒絕你，例如「我們再考慮一下」，或是「會後再回覆您」（但也沒說出確切回覆的時間）。聽到這一類的說法，你大概可以知道後面沒戲了，機會不大。

所以，與日本人互動一定要學會「讀空氣」（空気を読む）！日文的「空氣」指的是氣氛，為了不要造成場面的尷尬，便需要「判讀」現場的狀況、配合著氣氛說話，所以才會稱為「讀空氣」。它的意思很接近我們一般所謂的「察言觀色」，正因為日本社會的「團體意識」很重，言行舉止切忌特立獨行，深怕影響到旁人，因此特別需要這種「讀空氣」的能力。

慢熱但長久的商業關係

與日本人談生意，就像是在交朋友，千萬不要想著只做這一次就好，而是要放眼於更加長遠的關係。因為，跟日本人第一次交往極度困難，他們對於「新朋友」總是抱持著極度審慎、細細觀察的態度，也就是所謂的「慢熱」；然而，一旦被他們認定為「可以往來」，可能就會跟你做很長久的生意，不會輕易地改變關係。

在建立初步聯繫方面所採取的作法，日本與其他國家不同。日本公司對於希望建立貿易關係的來函可能不予回覆，只有在掌握了更為詳細的資料後，他們才能做出是否需要建立聯繫的決策。日本人十分重視面對面的接觸，對於商業夥伴的登門拜訪，一般來說會比透過郵件接觸更為有效。

在日本，貿然跑去跟他們打交道不太奏效，反而顯得唐突。像是我，往往都是透過社會上的重要人物從中牽線搭橋，這樣對於建立商業管道有極大的幫助。日本人交往時十分注重私人關係，而不像歐美商業人士只注重書面合約。最初的交易，一般來說要有熟人介紹，然而，一旦建立了交易關係，雙方就要盡力維持下去。

這也是為什麼我長年勤於參與日本商會活動的緣故，因為生意都是這樣從平日交往的人情之中談出來的。

記得年輕時我曾在父親的禮贈品公司工作，有一家日本公司多次來向我們要求提供某些贈品的報價單。他們三不五時就來詢問報價，但從未因此做成生意。就這樣來來回回直到第五年，我們才第一次做到他們公司的生意；但也是從此之後，他們公司與我們合作迄今已邁入第三十一年了。可以說，跟日本人做生意如果欠缺耐性，就很難交上朋友。

階級及權威意識強大

日本社會還是頗為重視權威及尊卑階級，且男女有別。

比方說，開會前一定是由部門中的女性員工去布置場地，包括準備開會資料、準備投影工具、及安排座位等；女性員工會幫忙眾人影印文件、泡茶、煮咖啡等，除非同儕中有其他還是非常菜鳥的男性員工，才會由男性來做；在商業聚會中，現場的女性也會幫眾人倒酒，或至少是第一個幫人倒酒的人。這是目前的職場習慣，顯示日本女性在職場的地位還是低於男性（當然現在越來越多女性高階主管，男女平等的觀念在日本社會也漸漸普及）。

對於主管，一定要保持尊重。很多台灣人在會議時就自顧自的在自己主管面前互換起名片，以為跟最靠近自己的人先換名片很正常，其實這樣的行為是NG的，一定要先跟對方的主管打招呼、換名片；發言時要先讓主管發言，甚至「做球」讓主管可以多所表現，因為「讓主管表現，實際上就是你的最佳表現」。

日本人在職場重視「向上管理」，他們非常願意花費心思去「經營」與主管或老闆的關係，凡事都要先請示老闆或勤於回報，讓老闆時時安心，而這部分是許多台灣人可能不以為然的。台灣人往往不是對老闆避之唯恐不及，能少接觸就少接觸；要不就是誤把老闆當作「麻吉」，以為許多事不必通報，或是沒能掌握好彼此互動時的分際。

看看以下這些日本職場常見的觀念：「不向上管理，職場層層關卡」、「不會向上管理的人，都會吃大虧」、「經營十個客戶，不如經營好一個老闆」……由此可見一斑。總之，把你的老闆當作客戶一樣，伺候得服服貼貼就對了。

此外，諸如走路時走在長者左後方一步，拍照時讓長官站在C位，坐車、開會及飯局要按尊卑安排座位等等，這些都是日本人重視的禮儀，總之將你小時候讀過的國民社交禮儀手冊那些原則拿出來使用，大概就比較不容易做錯了。

對於日本人來說，日本人的文化就是日本人的「家教」，在工作場域也應該展現出一個人良好的家教。

3

掌握生活文化的內涵，更快融入日本社會

認識日本民族性

到日本求學、工作或生活時，如果能對日本的民族性及生活文化多些了解，將能更快融入當地的職場及社會。

愛公司與重視團隊精神

日本人的群體意識極強，個人的意志及利益不能凌駕於團體之上，也重視團隊的榮譽感。這樣的精神內涵放諸職場，就是在「会社」（公司）中也會強調員工的「愛社心」，甚至可能作為員工績效考核的標準之一。

所以，在日本如果下班後老闆或同仁相

揪去聚餐或唱歌什麼的，希望你盡量參加；若是常常拒絕，可能會被認定為「不合群」。

主管在開會時通常會傾向於尋求大家的共識，而非單方面的強勢做決定。這一點，說好聽是尊重團隊的意見，說難聽也可以說是沒有人想要獨自負起責任，「這件事可是經過大家一起決定的喔！」也因此，日本人的內部決策通常比較緩慢，可能任何事情都要經過自下而上的層層關卡蓋完章才能敲定。

平時與日本人談生意，為了加速他們的決策流程，最好的方法就是與高層打好關係。但是高層在開會洽談時未必會遇得到，所以一定要把握有吃飯聚會的時刻，因為這種時刻，可能最高層的長官就坐在你的身旁，應該藉此建立良好印象，為日後的合作打好基礎。

關於服裝的講究

記得當年在日本求學時，有一天我因故曠課，引得老師生氣。事後要向老師道歉前，學長提醒我：「要穿西裝去道歉！」

對，重要的場合還是以穿西裝為宜。向老師道歉穿西裝，以示慎重；大學生參加期末考時，男生著西裝，女生著套裝，以示慎重；找工作參加面試時，有特定的面試服裝要講究；出席喪禮時穿著的西裝跟平日一般的西裝不一樣，顏色是純黑、不發光材質，以示慎終追遠。喪禮穿的西服要價大約日幣八萬至二十萬圓不等，而一般的男士西裝可能要價僅日幣兩萬至十萬圓左右。

在正式場合，日本人是講究服裝儀容的。因此常見日本的男性上班族上班時會放一條領帶在公事包內，遇到臨時要用的場合就可以掏出來；女士的皮包內也隨時有可以備用的絲襪，免得腿上的絲襪突然破了很失禮；拖鞋、露趾涼鞋在日本辦公室內極少見，女士的鞋子還是以包頭的鞋款為主；上班族女性在工作時，也常將長髮綁起來，力求整潔俐落。

日本人重視襪子，女性穿絲襪，男性一樣也著短襪，因為他們怕到人家家裡作客時會脫鞋，如果脫了鞋卻沒穿襪子，會顯得很不重視衛生。拜訪別人的公司有時也會脫鞋，並換上室內拖鞋，當然也是以有穿襪為宜。

儀式感與節日文化

日本人特重儀式感，商業往來有時也是。像是與合作對象或客戶之間，伴隨四季及節日的問候少不了，譬如夏天到來時，他們會在信末附上一句問候，「夏安！」日本人特愛送禮，而收到禮物一定要回禮，並且送禮的費心程度更重於禮品的價格，就是所謂的「禮輕情意重」。

送給合作公司的禮，以送給對方公司的主管為主。不過，掌握送禮的「時機」很重要，所謂「送得好不如送得巧」，比如初次拜會就送大禮，別人對這份禮可能也沒什麼印象；反之，如果是在對方要做出什麼重要的決定、或促請對方與你開會前送出這份大禮，對方收了禮之後，難免會有點不好意思拒絕。巧妙踢出成事的「臨門一腳」，如此送禮也就達到了它的最大效益。

在二月十四日的西洋情人節這一天，辦公室的女性常會送巧克力給所有男性同仁，就是所謂的「義理巧克力」。「義理巧克力」（義理チョコ／ぎりチョコ，Giri choko），又譯為「人情巧克力」，是一個專屬於日本社會特有的詞彙，一般指的是女性在二月十四日情人節當天，對並非戀愛或者心儀對象的男性朋友、同學或同事等，只為表示感謝對方往日對自己的照顧，或者期待在三月十四日白色情人節時收到回禮而贈送的巧克力。現在日本社會開始出現某些反對的聲音，覺得這樣很麻煩，但目前它仍是職場常見的儀式之一。

日本人出差或旅行後一定會購買伴手禮送給同事。「お土産」（おみやげ，Omiyage），一般可以理解為旅客在外地旅遊時為了贈送別人而於當地購買的紀念品或特產，重點是要以送給別人為前提購買。

「お土産」在日本的社會文化和傳統中非常重要，在日本職場，如果你去旅行後沒有帶點伴手禮回來分給大家，可能會被視為不懂人情世故。而且，給職場同事的伴手禮在種類、數量和價格上也存在一些潛規則，通常以食物為主。

職場伴手禮背後還有一個重要的含意，就是「致謝」。因為在日本，要請假從來不是一件容易的事情。在你請假去旅行玩樂、放鬆的期間，可能同事要幫忙分擔你平日的工作，所以送伴手禮就是你用來向同事表示「感謝」的方式。

重視個人隱私

日本人在職場重視個人隱私，除非對方自己說出來，他們通常不會隨便過問同仁的隱私，包括對方的年紀、薪資、私生活等等。對日本人來說，同事就只是同事，在公司大家隸屬於同一個大家族、同一個團體，一起愛社、愛團隊；但另一方面，在私領域就不需要彼此那麼靠近，還是要尊重個人隱私。

在日本文化中，尊重個人空間至關重要。這不僅僅是禮貌，更是維護社會和諧的關鍵。日本人重視隱私，不喜歡過於親密的接觸或過於直白的表達。因此，在與日本人互動時，保持適當的距離和禮貌的態度比較理想。例如，在公共場合，避免大聲喧嘩或做出過於親密的舉動，不要拍打他人的肩膀或觸碰他人的物品。與日本人交談時，避免過於直白的詢問個人問題，例如收入、年齡或婚姻狀況。

尊重個人空間的影響不僅表現在人際關係上，也影響著日本社會的整體運作。例如，在日本，排隊是普遍的現象，人們會自覺地排隊等候，即使沒有明確的指示也是如此。這除了表現出日本人重視秩序和規律，也反映了他們對他人空間的尊重。此外，在日本，人們會避免在公共場合打電話或大聲說話，同樣是為了避免干擾他人。

4

想到日本創業前，請先閱讀本篇！

日本創業六鑰

無論從各種層面來看，台灣與日本之間的交流及互動都是相當多的，許多台灣人對於日本有諸多求學、就業、移居或甚至創業的嚮往。

從大環境來觀察，受限於本土市場規模，「往國際市場前進」始終是台灣新創的默契與共識，日本則是近幾年頗受歡迎的目標。

政府政策推動、日本企業加速創新腳步，以及日本與中國的緊張關係，在在都是促成台灣新創落地日本市場的關鍵。可以說，現在就是最好的時機。因此，以下我想特別針對創業者提供六個衷心的建議。

一、深入了解日本市場及商場文化

日本是已開發國家，它的市場是一個高度成熟的市場，因此，消費者對於產品品質及服務的要求是相當嚴謹的。而消費者最在意的，通常不是價格。

先研究當地市場的需求，再回頭調整你的產品。總之，問題不在於你的產品有多麼優異，重點是在於「如何滿足或切入對方市場的需求」。其實所有從商的邏輯應該都是如此，只是面對像是日本這樣的成熟市場，這個思維邏輯就益顯重要。

此外，要了解對方的商業文化，如我在本書中陸續提過的部分，日本人重視信用，喜歡交長期的朋友，做長遠的生意，講求時程及事先規劃具體的實施方案……。若能依照日本人的商場文化及思維邏輯去與對方互動，才能事半功倍，少走一些冤枉路。

二、熟悉日本法令及行政程序

隨著近年日本對外國人簽證條件放寬，越來越多外國人和在日外國人想活用自身的優勢，選擇在日本創業設立公司。

申請經營・管理簽證會審核在日本創業的資本金額，在日本國內是否有辦公室、事業的發展性等等，甚至必須繳交事業計畫書。

設立公司本身並不困難，能否順利經營下去才是真正的挑戰。自己開公司雖然比受雇於人時獲得相對多的自由，卻也增加了更多的不穩定性，特別是在不熟悉的國外，事業上軌道之前需要付出龐大的費用與時間。

這些不穩定性也會進一步影響到永住、房貸等攸關信用的申請，再加上從準備設立公司乃至簽證申請所需要的時間，大約需要二至六個月以上，因此準備在日本創業之前，必須徹底地想清楚自己的存款是否夠用？事業是否有足夠的發展性？創業比受雇僱人的利益真的還要高嗎？

日本創業可分為「個人事業」（個人事業主）與「法人」兩種。法人又可細分「股份公司」（株式会社）、「有限公司」（有限会社）、「合同公司」（合同会社）、「合名公司」（合名会社）、「合資公司」（合資会社）。

個人事業正確來說並不是公司，雖然開設費用與帳務處理都比法人簡單，是最容易開始的創業模式；但因為社會信譽低，比較難申請簽證，除非是已持有日本長期居留簽證的人，才能考慮選擇個人事業。此外，個人事業也只適合小規模事業，超過一定的營業額反而在稅務上不利。

一般有簽證申請考量的人都是選擇成立股份公司，雖然合同公司、合名公司、合資公司也有機會成功申請到簽證，而且設立費用遠比股份有限公司還要便宜，但因為其他公司名稱相比股份公司在社會知名度上較低，不利於與日本公司有商業上的往來。

三、建立當地人脈及關係網絡

之前也談過，跟日本人做生意，想要陌生開發實在是非常困難，他們非常重視信賴關係，習慣熟人介紹來的商業機會。因此，想要在日本打天下，你就是必須建立當地的人脈以及關係網絡，否則是動不了的。

建立當地人脈，最好的方式就是從各商會、公會、地方創業交流會或在地台商會等社團及組織下手，廣結人緣，並且善用彼此的人脈及資源，大家相互加乘，合作共同開發更多的資源。

四、打造自我與眾不同的價值

進軍新的市場，一定要建立明確的差異化策略，並且可考慮融入台灣特有的文化元素，例如台灣的特色美食、設計或生活風格等等，這些都是你可能的「賣點」及價值所在。

策略大師麥可．波特（Michael Porter）在《競爭策略》一書中曾經提出品牌的三種競爭策略，以下分享提供讀者參考（資料來源：《經理人》）。

（一）成本領導策略（Cost Leadership）

依照業界累積的最大經驗值，將生產製造成本控制在低於對手的程度，大多從規模化經營著手，提供消費者最優惠的價格。這個策略的特性在於「人有我強」，別人有的產品我也有，但是我的價格比較優惠，因為成本比較低。

（二）差異化策略（Differentiation）

從企業角度追求獨特之處，這可能展現在產品、服務、人員能力，甚至是品牌形象上。這個策略的特性在於「人無我有」，我擁有的競爭優勢就是不一樣，這是別家找不到的特色。在品牌訴求上，要讓消費者了解我有多麼不一樣。

當然，這些差異點必須是消費者在意的利益點，否則「只是為了差異而差異」，將無法真正打動消費者的心。

（三）集中化策略（Focus）

從顧客導向出發，集中資源在滿足特定顧客的需求、提供特定產品種類或經營特定地區市場。相較於前兩種策略，此策略的市場規模可能較小，例如針對日本某個特定區域或某個族群為目標的品牌規劃。

在品牌訴求上，集中化策略是從「顧客導向」出發，必須針對消費者在意的利益點，清楚地讓他們知道「我有多麼愛你，願意為你付出一切的努力」。

五、強化溝通與語言能力

如果你的日語足夠好，將更有利於打入日本各大大小小的政府機構以及各類通路，同時也顯示出對於當地文化的尊重以及與對方往來的誠意，「我以貴國的語言與您溝通」。

基本上，台灣很多老闆跟日本人做生意時日語都蠻流利的，像是我，雖然日語也不錯，但是逢重要場合，我仍會特意聘請翻譯隨行，一方面是力求重要訊息精準傳達，另一方面，則是為了讓對方感覺有格外受到重視。

一般來說，我會建議要具備日語檢定N1級以上的日語能力，會為你的創業之路加分不少。

六、穩定的經營與長期的計畫

創業需要非常具體的短中長期計畫、各階段執行期長與各階段的預算規劃等內容，否則容易因為市場變動而中途放棄。自己在日本想做的事業方向大致確定之後，就可開始擬定事業計畫書。「要將商品用什麼方式提供給誰」，將這些事業內容具體化。

撰寫事業計畫書的重點是要從客觀的角度出發，分析自己的優勢、競爭對手、市場現況等等，明確地列出資金、成本、目標營業額、獲利方式等等。

重點是，心態上也要抱持長期抗戰的準備。尤其是在日本這樣的成熟市場，沒有「一步登天」的可能，要樹立品牌的信譽或穩定的客群，在在都需要時間的累積，這樣的心理建設一定要事先做好！

每一個國家的文化不同，本書雖然是以我最熟悉的日本為例，但與外國進行合作時，無論是哪一個國家，先了解該國的民俗風情、禁忌是絕對必要的事；同時，禮貌一定不能少，尤其是很多最容易讓人以為是哥兒們時，除非真的有十成把握，該有的份際還是不可少。

結語

安格斯 **社長**
品牌實戰顧問

謝謝你願意讀到這裡。

這本書不是答案書，是戰鬥書。

它不是讓你「看完了就懂」，而是讓你「翻完之後，開始想做點什麼」。

我走過很多不被看好的案子，也陪過不少企業從0到1、從跌到飛。過程中我發現：決定輸贏的，從來不是你說了多少，而是你做了**別人沒做的那一%**。

細節，從來不是附屬品。它不是修飾，而是核心。

你以為的剛好，其實都是刻意為之。

這本書送給那些想要「把事情做成」的人。想創業、想轉型、想逆轉、想升級——但最重要的是，**你想成為一個更細緻也更可靠的人**。

如果你也相信「細節不只是配角，而是推進勝局的關鍵角色」，那麼，你真的讀懂了。

我和你的故事，從這一頁，才真正開始。

找我，挺你。

附錄

我如何讓產品大賣

1 媒體信任建立

- 透過媒體報導來塑造企業或創業者的神話形象
- 口碑行銷與 Youtuber 試用
- 實例採用

2 地面推廣通路

- 蔦屋家電展售
- 各大電器行鋪貨

- 利用新聞報導、專題或專訪來增強公眾對品牌的信任感

- 發動知名 Youtuber 或意見領袖試用產品，建立真實的使用口碑
- 利用 Youtuber 的影響力進行產品推廣，提升品牌可信度
- 美軍基地，作為品牌展示的高端或專業象徵
- 萬豪飯店，代表高品質與國際品牌形象

- 參與知名書店與家電展，提升品牌曝光度
- 在全國主要電器零售商鋪貨，擴大銷售渠道

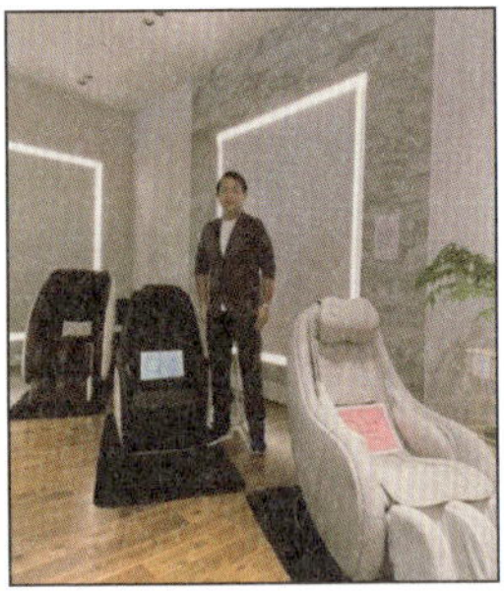

3 名人代言與國際認證

- 藤原紀香代言
- 公信力加持

4 電視購物銷售爆發

- 上架知名電視購物平台
- 銷售成績

• 利用名人效應提升品牌形象與信任度

• 取得國際認證或獎項，增加品牌的公信力和權威性

• 利用電視購物的高流量平台進行銷售，擴大市場影響力

• 十八秒賣出一台，展現極高的市場需求與產品熱度

我如何讓一場國際展演爆場

1 讓授權方安心，討論出最好的活動

2 尋求官方支持與徵求官方意見

3 昭告天下

- 每月定期拜訪集英社做進度回報

- 拜訪文化部、文化局、文策院及國發基金等單位

- 在產官學商都獲取支持

- 舉辦記者發布會

- 選定活動宣傳大使

4 確認硬體&軟體支援

- 拜訪場地方以及設備方

5 開發限定熱銷產品

- 我推的孩子全球限定超巨大悠遊卡

6 活動宣傳&預熱

- 媒體藝人網紅搶先場

- 媒體曝光
- 順利開展，大排長龍

國家圖書館出版品預行編目 (CIP) 資料

決勝細節力：多做 1%，為企業增加 30% 效益 / 游晉豪著 .
-- 初版 . -- 臺北市：商周出版：英屬蓋曼群島商家庭傳媒股份有限公司城邦分公司發行，民 114.8
286 面；14.8×21 公分（BW0874）
ISBN 978-626-390-623-5（平裝）
1.CST: 企業經營 2.CST: 企業管理
494　114009700

新商業周刊叢書　BW0874

決勝細節力

多做 1%，為企業增加 30% 效益

作　　者／游晉豪
出版統籌／享應文創
訪寫協力／吳永佳、廖翊君
責任編輯／陳冠豪
版　　權／吳亭儀、江欣瑜、顏慧儀、游晨瑋
行銷業務／周佑潔、林秀津、林詩富、吳淑華、吳藝佳

總 編 輯／陳美靜
總 經 理／賈俊國
事業群總經理／黃淑貞
發 行 人／何飛鵬
法律顧問／元禾法律事務所　王子文律師
出　　版／商周出版
台北市南港區昆陽街 16 號 4 樓
電話：(02)2500-7008　傳真：(02)2500-7579
E-mail：bwp.service@cite.com.tw
Blog：http://bwp25007008.pixnet.net/blog
發　　行／英屬蓋曼群島商家庭傳媒股份有限公司城邦分公司
台北市南港區昆陽街 16 號 8 樓
書虫客服服務專線：(02)2500-7718・(02)2500-7719
24 小時傳真服務：(02)2500-1990・(02)2500-1991
服務時間：週一至週五 09:30-12:00・13:30-17:00
郵撥帳號：19863813　戶名：書虫股份有限公司
讀者服務信箱：service@readingclub.com.tw
歡迎光臨城邦讀書花園　網址：www.cite.com.tw
香港發行所／城邦（香港）出版集團有限公司
香港九龍九龍城土瓜灣道 86 號順聯工業大廈 6 樓 A 室
電話：(825)2508-6231　傳真：(852)2578-9337
E-mail：hkcite@biznetvigator.com
馬新發行所／城邦（馬新）出版集團【Cite (M) Sdn. Bhd.】
41, Jalan Radin Anum, Bandar Baru Sri Petaling,
57000 Kuala Lumpur, Malaysia.
電話：(603)9056-3833　傳真：(603)9057-6622
E-mail: service@cite.my

封面設計／FE 設計　　內文排版／李偉涵
印　　刷／鴻霖印刷傳媒股份有限公司
經 銷 商／聯合發行股份有限公司　電話：(02)2917-8022　傳真：(02) 2911-0053
地址：新北市新店區寶橋路 235 巷 6 弄 6 號 2 樓

■ 2025 年（民 114 年）8 月初版
■ 2025 年（民 114 年）8 月初版 1.9 刷
定價／430 元（紙本）　320 元（EPUB）
ISBN：978-626-390-623-5（紙本）
ISBN：978-626-390-622-8（EPUB）

Printed in Taiwan
城邦讀書花園
www.cite.com.tw